海上十年

Decade of the Sea

上海大学美术学院首饰工作室
研究生教学回顾展

Retrospective Exhibition of Postgraduate Teaching in
Jewelry Studio, Shanghai University

郭　新　主编

上海大学出版社

本书编委会

主　　编　　郭　新
副 主 编　　吕中泉　许嘉樱
编　　委　　成　乡　黄巍巍　袁文娟　李　桑　张　妮　吴二强
　　　　　　王　琼　胡世法　王书利　颜如玉　徐　忱　朱莹雯
　　　　　　倪晓慧　刘晓辰　戴芳芳　朱鹏飞　郑植文　章　程
　　　　　　李绪红　张雯迪　张莉君　宁晓莉　窦　艳

前言

"一年之计，莫若树谷；十年之计，莫若树木；终身之计，莫如树人……"

十年，弹指一挥间，虽倾尽全力，始见学生辈出，成才者亦渐露其风华，吾心甚慰，然远远未到"人才辈出"的时候，但途中小憩，回看过往做些总结当是益事。因此，才有了"十年教学回顾展"之想法。

当代首饰艺术之于国内高校，不过十余载时间。上大美院首饰艺术工作室 2003 年初建之时，如独舟上海，摸索前行。虽有西学东渐之前路，但若将西方治学之术尽数东移、落土生根亦非良策。诸多"水土不服"需要在处境化的教学理念中加以消化，学生们更是处在中西交融、借古通今的十字路口，何去何从，需要引导和不断反思与调整。"师者，传道、授业、解惑也"这一对为师者的定位与期望，本人尤为赞同，也一贯坚持"学艺必先做人"。因此在教学中首先注重学生人格健全之培养，注意学生心理健康之发展，其次才是知识、技术的掌握。而学生对自我的认识是其艺术创作的根本。"从爱出发，从严治学"，以"生命影响生命"是本人希望建立的教育方式，更盼望将中国传统手艺中师徒传承关系与西方现代思辨能力的培养相结合，通过艺术首饰的创作过程来培养原创性思维，通过对商业首饰的实践去了解行业的发展需求。本人极不希望培养出所谓"精致的利己主义者"。大学治学的结果更不应是"有知识没文化"的悲剧。切切盼望 115 首饰工作室培养之学生对社会、对专业领域有更多的责任和更大的担当，唯有这样的人，才能称之为"人才"。而人才的培养乃"百年大计"，需要代代相传、沉淀积累，潜心学习。

自 2006 年工作室招收第一届研究生，至今已有 11 届学生，毕业生 13 人，在读生 7 人，每年亦有从全国各地各高校赶来进修的老师与学生。十年间，工作室已毕业的研究生现大多在上海、杭州、苏州等地各高校首饰专业担任教学工作，或创建独立首饰品牌、工作室，成为国内首饰教育与发展的中坚力量之一。

本工作室师生积极投身到国家在首饰行业发展中的各项工作中去，比如参与制定、编写在全国推行的国家标准（首饰设计师二级、三级国家标准）配套教程，组织编撰多部首饰专业教材，师生作品多次参加国内外学术展览并获奖，活跃于中外首饰艺术专业舞台上。工作室通过公众展览、讲座、比赛、国内外艺术家交流等活动，在推广普及首饰艺术与文化方面做出了一定的贡献，首饰艺术工作室已发展成为设立在上海大学美术学院内的"国家级艺术技术教学实训示范中心"工作室之一。

当代艺术首饰已不再停留在表面装饰、财富特权等功能寓意的范畴内，首饰作为一种艺术表达的媒介，浸透于文化、哲学、观念、材料、工艺等各方面，成为一种精神载体，成为人与自身、人与人之间交流沟通的桥梁。本次展览以实物与文献形式全面呈现工作室在当代首饰教育中十年的发展成果，参展人员包括上海大学美术学院首饰工作室师生共 26 人，展出作品百余件，包括毕业作品以及毕业后继续发展的作品。事实上，展览仅仅是教学回顾的一小部分，而大部分无法在展览中呈现的，才是人才培养的完整内涵。尽管如此，以展览为契机，回望过去，展望未来，仍不失为一件有意义的事。

如今回望十年，略感欣慰。看到学生们仍初心未改、坚持不懈，并且看到过去的"同学们"、如今的"同行们"，已经成为各自工作岗位中的学术骨干、中坚力量，更加为这个集体感到骄傲与自豪。如农夫撒种、耕耘后看到收成之大喜乐，盼望十年、二十年以后，"人"已经成"才"，工作室这个大家庭的每一员在专业发展、教育成果、个人生活和事业上都枝繁叶茂，为中国的当代首饰艺术的发展做出更多的贡献，为上海这座"设计之都"的建设添砖加瓦。特别感谢上大美院领导们对工作室的扶持，也希望首饰艺术工作室为上大美院成为都市美院而贡献更多的力量。

郭 新

2016 年 12 月

目 录

作品篇

郭 新
Guo Xin

上海大学美术学院金工首饰专业副教授，首饰艺术工作室主任，上海双城现代手工艺术馆艺术总监，中国宝玉石协会设计师协会副主任，中国工艺美术协会金属委员会副主任及玻璃委员会副主任，上海工业美术协会常务理事、首饰专委会主任，上海首饰设计协会副会长。

1999 年毕业于美国宾夕法尼亚州印第安那大学艺术学院，获得文学硕士以及艺术硕士双硕士学位。主修专业为珠宝设计及金属艺术品设计与制作，副修专业为陶艺。2000 年回国任教于上海大学美术学院玻璃工作室，2003 年创建上海大学美术学院首饰艺术工作室并担任工作室主任，2005 年创办中国第一家专门推广经营当代手工艺术的"上海双城现代手工艺术馆"。

为中国当代少数著名的艺术首饰领域的领军人物之一。作为主要编写专家之一参与制定了国家首饰设计师职业资格标准，其后主编了与之配套的三本教程《首饰设计师》（基础知识、国家职业资格三级、国家职业资格二级），并主编了《珠宝首饰设计》一书，由上海人民美术出版社出版。多次作为评委参加全国性或地方性的首饰设计大赛评审工作，如 2015 江苏省"紫金奖"全国首饰设计大赛、2014 上海新锐首饰设计师大赛、2013 年"设想未来"全国大学生首饰设计比赛、2012 年"设想中国"全国大学生首饰设计比赛、2011 年"意彩石光"首届彩色宝石创意大赛等。2013—2015 年作为联合策展人与英国三个美术馆策划"锋韵——当代中国陶艺玻璃艺术展"，该展览获得英国国家艺术基金会全程赞助并被授予"国家级展览"称号。该展览在 Cheltenham Museum, Bristol Museum 以及 Stoke-on-Trent Museum 巡回展出，并获得获得广泛赞誉。

作品曾多次在国内外展出并获奖。参与的主要展览有"中国当代艺术首饰展"（英国国家设计与手工艺中心）、法国当代首饰巡展（2013—2014）、北京国际首饰艺术展（2013）、中国当代工艺美术大展——首饰金工展（2013）、日本平城京迁都 1300 年纪念展——"Sailing to the future——面向未来的 1300 年世界"、日本·中国·韩国——现代金属艺术展（平城迁都 1300 年纪念事业协会主办，2010）、"玻璃之路"国际玻璃艺术邀请展（伦敦，2008）等。

Guo Xin received her BFA in graphic design in 1989. In 1994, she went to the United States and received her MA and MFA degree from Indiana University of Pennsylvania in 1999. She majored in Jewelry and Metals and minored in ceramics for both MA and MFA. Her works have been exhibited both nationally and internationally and have received quite a few awards. She built the jewelry and metals studio for the College of Fine Arts of Shanghai University in 2003, and is currently running the master's program for Jewelry and Metals.

She is the founder, co-owner and curator of the well-known contemporary crafts gallery — "twocities gallery" in Shanghai, it was the first gallery in China that specifically devoted to promoting contemporary crafts art. She has planned numerous exhibitions in the fields of contemporary glass, ceramic, lacquer, jewelry and metals. She was one of the co-curators of the international exhibition "Ahead of Curve — Contemporary Chinese Porcelain and Glass Exhibition", which opened in Cheltenham Museum in Oct. 2014, and traveled to Bristol Museum and Stoke-on-Trent Museum in UK. It was awarded national level exhibition, and was sponsored by the Art Council England.

She was one of the experts who wrote The National Occupation Qualification Standard for jewelry designers. She was the chief editor and author for the three textbooks that were written for training people to obtain the national qualification certificates. She is also the author and chief editor of "Jewelry Design" which was published by Shanghai People's Fine Arts Publishing House. She has also judged at several national jewelry design competitions.

She is one of the most well-known pioneering jewelry artists and educators in China. Her expertise has won her many recognitions and awards. Her works has developed a unique style, which often draws inspiration from nature and her understanding of life, her Christian faith, social issues, environmental protection and so on.

大自然不可抵御的魅力一直是我创作的灵感源泉。自然界的形、色、肌理都给予我无穷尽的启迪。个人生活经历和宗教信仰也在我创作的思想和理念上扮演着重要角色。像造物主一样，我模仿他并像他一样创造。首饰的独特形式、材料以及工艺对我而言，就好像在方寸之间用最精简的语言把思想和情感尽情抒发和表现。

Nature has been an unending source for the inspiration of my work. Colors, forms and textures of nature have provided me rich imagination. My personal life experiences as well as my religious belief have played an important part in the theme and conception of my work. I create, like my Creator, because I was created in His image. The uniqueness of the concepts, forms, materials and techniques of modern jewelry art, has challenges me to use the most precise language with the most limited space, and has given me a platform to express my thoughts and emotions.

致我们消失的家园　系列

戒指　银、珍珠　11.2cm×8cm×36cm　2013

4

茶趣

茶壶　紫铜、木、人造石　15cm×15cm×12cm　1999

拒绝拥抱

胸针　紫铜、白亚克力　7cm×5cm×18cm　1999

成乡
Chen Xiang

南京艺术学院设计学院时尚专业讲师

2005年上海大学美术学院玻璃艺术专业研究生毕业后留校任教，进入首饰金工工作室，2011年后进入南京艺术学院设计学院时尚专业。由玻璃艺术到首饰艺术，运用玻璃艺术和首饰艺术共通的铸造技术，在作品的创作中经历了跨界的转换，这使得其作品具有自己独特的艺术风格及视觉语言。

主要展览：

作品《云》获第十届全国美展铜奖 (2004)

作品《云》参加英国玻璃双年展 (2008)

作品入选康宁博物馆评选的世界优秀作品 (2009)

作品《水墨山水》入选第十二届全国美展 (2014)

作品《几何派对》获紫金奖金奖 (2015)

After Cheng Xiang graduated as the MA in Glass Art in 2005, she stayed as a tutor in Shanghai University until 2011. Then she began to work in Nanjing University of the Arts (NUA). She teaches in the fashion design department in NUA. From Glass art to jewelry, Cheng Xiang used the casting craft to accomplish the crossover between the two art forms.

Exhibition Experiences:

Work "Cloud" won the Bronze Prize of the 10th National Art Exhibition, China (2004)

Work "Cloud" was shown in the Biannual Exhibition of Glass Art in UK (2008)

Work "Cloud" ranked as the Annual selected great works of glass in the world by Conning Gallery (2009)

Work "Ink Landscape" was shown in the 12th National Art Exhibition, China (2014)

Work "Geometry Party" won the Gold Prize of Zijin Award, Jiangsu, China (2015)

> 对自然的描述与感受一直是我创作的来源。玻璃是我最喜欢的材料，玻璃材料本身太具有魅力，以至于我迷恋的同时又害怕被材料所控制。后来接触到金工首饰，金属制作的过程往往更多的是带给我思考。这种跨界偶然而又必然，在创作中，听从材料与主题的呼唤，是种不由自主的状态，这是我喜欢并享受的状态。希望我的作品带来沉静的、干净的视觉感受与心理感受，许多能量与热情都可以以这样的形式呈现，这或许就是我的风格。

The feeling and the description of the nature have always inspired my creation. Glass is my favorite material. It is so attractive to me that I am afraid I will be controlled by glass. I started to get in touch with metal after glass. The process of making metalsmith has brought me some thoughts. The crossover between glass and metal is both an accidental and inevitable matter in my life. I follow the calling from the different materials and enjoy the feeling of unconscious moods when I am making works. I hope my works will bring a calm and neat visual feeling and the inside touch of the soul. A lot of energy and enthusiasm can be expressed with this art form. It might be my style of Art.

黑 3

胸针　玻璃、铜、银　8cm×6cm×5cm　2010

黑 1

胸针　玻璃、铜、银　10cm×7cm×2cm　2010

几何派对

胸针　光敏树脂、喷色、珍珠　直径6cm　2015

几何派对

项链　光敏树脂、喷色、银、金箔　直径 5cm、6cm、7cm、8cm　2015

许嘉樱
Xu Jiaying

上海大学美术学院首饰工作室讲师

1982 年出生，江苏南通人。2004—2007 年师从中央美术学院首饰工作室滕菲教授，获设计学硕士学位。后于上海大学美术学院首饰工作室任教至今。2015 年英国谢菲尔德哈勒姆大学访问学者。

参加主要展览：

"无界"北京国际首饰艺术展（2015）

第八届中国现代手工艺学院展（2014）

第十二届全国美展艺术设计作品展（2014）

视觉的维度——上海大学美术学院年度展（2013）

上海艺术设计展（2013）

北京国际当代金属艺术展（2013）

北京国际首饰艺术双年展（2013）

"生活之美"第七届中国现代手工艺学院展（2013）

1895 中国当代工艺美术系列大展——中国当代金属艺术展（2013）

中国首届当代首饰艺术邀请展（2012）

"十年·有声"国际当代首饰展（2012）

"瞻·前·瞻"首饰展（2012）

互动·创新——2011 国际金属艺术展（2011）

上海美术大展·上海设计展（2011）

"光影动力"首饰艺术双人展（2010）

"非匠"当代手工艺展（2009）

"返手归真"——中国第三届现代手工艺学院展（2008）

"世博想象"上海美术大展·设计艺术展（2007）

Xu Jiaying was born in Nantong, Jiangsu Province in 1982. From 2004 to 2007, she studied with Prof. Teng Fei and got her master's degree in Jewelry from Central Academy of Fine Arts. Now she is a faculty member of Jewelry workshop of Shanghai University. In 2015, she was a visiting scholar at Sheffield Hallam University, UK.

Exhibition Experiences:

"Jewelry Boundless" 2015 Beijing International Jewelry Art Exhibition (2015)

Exhibition of Artistic Designs, The 12th National Exhibition of Fine Arts, China (2014)

Annual Exhibition of Fine Arts College of Shanghai University (2013)

2013 Beijing International Contemporary Metal Art Exhibition (2013)

Beijing International Jewelry Art Exhibition (2013)

"The Beauty of Life" Modern Handmade 7th China Arts Exhibition (2013)

Chinese Contemporary Arts & Crafts Series of Exhibitions & Seminar — Chinese Contemporary Metal Art Exhibition (2013)

The 1st Contemporary Jewelry Art Invitational Exhibition (2012)

"Ten Years-Re:Jewelry" The Central Academy of Fine Arts and Contemporary Art Jewelry (2012)

MELD: STUDIO 115 Jewelry & Metals Exhibition (2012)

"Interaction & Trend" 2011 International Contemporary Metal Arts (2011)

Shanghai Design 2011 Exhibition (2011)

"Light and Shadow" Jewelry Arts Exhibition (2010)

Non-Carpenter: Modern Hands & Crafts Exhibition (2009)

The 3rd National Handcrafts Exhibition (2008)

Imagination of Expo: 2007 Shanghai Fine Art Exhibition-Design Show (2007)

" 首饰作为与人最近距离接触的一种装身艺术，似乎有一种守护人类生命的使命，同时也是人的内在生命力得以外现的一种独特手段。"

Jewelry, being an art form which closely associated with the human body, takes on the mission of protecting human life. It is also a unique means by which man's vitality is present.

勿忘我 1#	勿忘我 2#	勿忘我 3#

胸针　925 银、二战时期英国士兵手工绣片　6.8cm×4.5cm×1.5cm　2016　　　　胸针　925 银、二战时期英国士兵手工绣片　5.6cm×4cm×1.5cm　2016　　　　胸针　925 银、二战时期英国士兵手工绣片　4.6cm×4.6m×1.5cm　2016

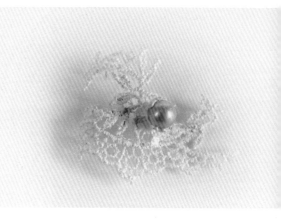

蕾丝 1#

胸针　925 银、珍珠　8.5cm×5.5cm×2cm　2013

蕾丝 2#

胸针　925 银、珍珠　7cm×3.5cm×3cm×2　2013

蕾丝 3#

胸针　925 银、珍珠　5cm×4.5cm×3cm　2013

衣夹

摆件　925 银　3.5cm×0.7cm×1cm×6　2008

吕中泉
Lv Zhongquan

上海大学美术学院首饰工作室 2007 级硕士研究生
上海大学美术学院首饰工作室讲师、上海吕品金工首饰艺术工作室
创始人、中国工艺美术协会金属委员会副秘书长

2003 年毕业于清华大学美术学院金属艺术专业，获得学士学位。2010 年毕业于上海大学美术学院，
首饰 / 金工设计专业，获得硕士学位。2010 年留校任教于上海大学美术学院，现为上海大学美术学院
金工首饰专业讲师。2013 年创办上海吕品金工首饰艺术工作室，并兼任中国工艺美术协会金属委员会
副秘书长。

吕中泉坚持从当代中国金工首饰专业最基础的工作做起，勤勉务实地践行金工首饰专业教学与科研，主
要承担的科研项目有国家艺术基金——工艺美术"手工锤揲金属器皿的意境表现"、工艺美术师长期驻
地项目手工锤揲金属餐具的珐琅装饰设计、上海高校青年教师培养资助计划、锤揲金属餐具艺术设计、
锤揲金属器皿的传统漆艺装饰、贵州民间银器与银饰考察、云南民间银器及银饰品考察及创作展览项目；
参加编写《首饰设计师：国家职业资格二级》（中国劳动社会保障出版社 2011 版）《金属的故事——锤
揲金属工艺艺术设计入门》教材写作；论文《当代西方艺术与手工艺运动的影响与中国当代手工艺的复兴》
发表于《当代手工艺》。论文《中国传统金银器皿中的锤揲工艺》发表于《上海工艺美术》。

作品曾多次在国内外展出并获奖。2008 年作品《无题》器皿获"精工·造物"——第四届中国现代手工
艺术学院展优秀奖。2009 年，作品《风雪祭》器皿获得"走进手工作坊"第五届中国现代手工艺术学院
展学院奖。2009 年，作品《轮回》获"互动·倾向"2009 当代国际金属艺术展优秀奖。

Lv Zhongquan graduated from Academy of Fine Arts of Tsinghua University in 2003 and got his bachelor's degree in metal art. He graduated from the College of Fine Arts of Shanghai University and got his master's degree in jewelry/metalworking design in 2010. Since then, he has been teaching at the College of Fine Arts of Shanghai University.

Lv started from the most basic work of jewelry/metalworking in contemporary China, and is working diligently both in his teaching and research. The research projects he undertakes mainly include National Arts Fund — "Artistic Conception of Hand-hammered Metal Ware" in Arts and Crafts, Project for Long-term Resident Artists "Enamel Decoration and Design of Hand-hammered Metal Tableware", Program for the Training of Young Teachers in Colleges and Universities of Shanghai, Hammered Metal Tableware Design, Traditional Lacquer Decoration of Hammered Metal Ware, Investigation of Folk Silverware and Silver Jewelry in Guizhou and Yunnan, and some other projects for the creation and exhibitions. Lv also co-edited the book for jewelry artists who needs to get the national qualification of Level two, and has tow essays published in Contemporary Craft and Shanghai Art and Crafts individually.

Many of Lv's works have been exhibited and won prizes at home and abroad. His work "Untitled" won Excellence Award in The 4th China Modern Handicrafts Art School Exhibition in 2008. Work "Sacrifice to Wind and Snow" won Academy Award in The 5th China Modern Handicrafts Art School Exhibition in 2009. Work "Cycle" won Excellence Award in Contemporary International Metal Art Exhibition in 2009.

艺术与生活、理想与现实、沉睡和清醒、繁重与轻松都可以同时驻留。愿以苦冥醒身，达心手畅联，贡献众生。

Art and life, ideal and reality, falling asleep and being awake, feeling stressed and relaxed can exit at the same time. I hope to wake up in pain, and express my mind with my hands smoothly so as to benefit the other people.

盲夜

茶具　纯银、纯铜、天然生漆锻造、焊接、锯切、银平托　14cm×14cm×19cm　2014

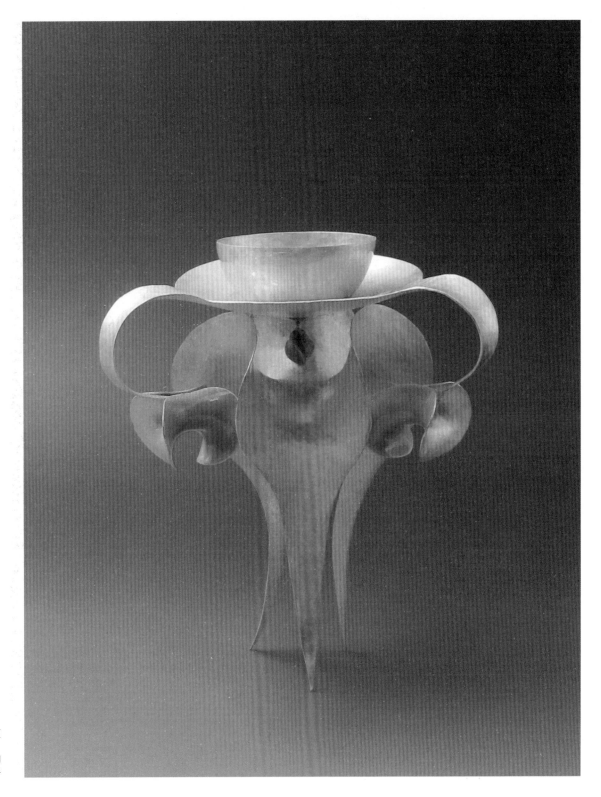

盛夏

烛台　纯银、珐琅、锻造、珐琅烧制
　　10cm×10cm×18cm　2014

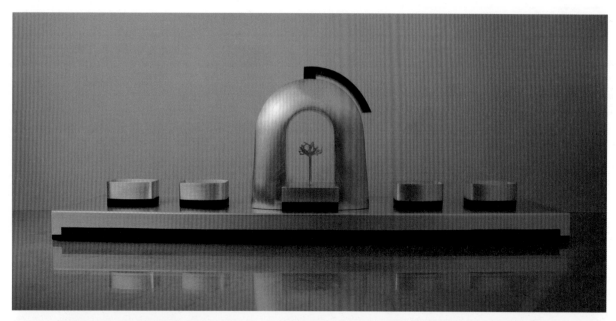

风雪祭

酒具　纯银、黑檀、锻造、
焊接、木镶嵌
64cm×16cm×24cm　2009

荒原

茶具　纯银、锻造、焊接
14cm×14cm×15cm　2009

轮回

手镯　纯银、铁锻造、焊接　10cm×4cm×10cm　2007

黄巍巍

Huang Weiwei

首饰工作室 2006 级硕士研究生
独立首饰设计师、巍巍珠宝首饰设计工作室创办人、中国珠宝玉石首
饰行业协会会员、上海市首饰设计协会理事

2005 年毕业于新西兰皮特明顿珠宝学院，2009 年毕业于上海大学美术学院。曾是上海视觉艺术学院、上海工程技术大学、上海建桥学院和远东珠宝学院等首饰专业的外聘讲师。立志于设计和创作现代首饰作品，推广现代首饰艺术文化，逐步引导大众在欣赏现代首饰艺术美之外，能够认识到它也是艺术家对人生的思考、社会的关注和艺术家内心表达的载体。个人创作的首饰作品多次入选国内外展览，如当代国际金属艺术作品展、第十一届全国美术作品展和上海美术大展 & 设计艺术展等。作品曾获新西兰全国珠宝设计制作大赛第三名，中国第二届现代手工艺学院展优秀奖等奖项，作品曾被新西兰前总理海伦·克拉克女士收藏。

Huang Weiwei gained a bachelor's degree in Pert Minturn Jewelry Institute in 2005 and a master's degree in Jewelry Art from Shanghai University in 2009. She is a jewelry designer and set up Weiweijewelry Design Studio. She is a member of Gems & Jewelry Trade Association of China and Jewelry Designer Association of Shanghai. She has been appointed to the post of lecturer of the Fashion Institute at Shanghai Institute of Visual Arts, Shanghai University of Engineering Science, Shanghai Jian Qiao University and Far East Gemological Institute. She was determined to design and create contemporary jewelry, promote contemporary jewelry art culture, gradually learn to appreciate contemporary jewelry in general artistic beauty for the public people, and realize it is also the carrier for the artist to think of life and social attention, and to express their mind. Her jewelry have been on show in selected exhibitions at domestic and overseas such as which are International Metal Art Exhibition, The 11th National Exhibition of Fine Arts and Fine Art & Design Exhibition Shanghai and so on for many times. Her works were awarded the 3rd place in National Jewelry Competition, New Zealand and excellent work prize of The 2nd Modern Crafts — Arts Academic Exhibition and Theory Symposium, and have been collected by Helen Clark, a former prime minister of New Zealand.

66 首饰创作是除了口头语言、文字语言和身体语言之外，又一个能够向自己和他人记录和交流人生经历的艺术表达形式。我的作品灵感大多来源于自然和它的无限的创造以及个人的宗教信仰和生活经历。自然有无限的生命力、令人惊奇的肌理、让人感怀的情境。一颗种子、一片树叶、一汪清泉都能触及我的心灵。这些自然元素在我的作品中呈现形态、直觉和思想的价值，帮助我探知人生的奥秘。我无比享受每一次的创作过程，与材料对话，与手的触摸，与心灵的交流，能创造出具有新的生命力和灵性的个性化首饰，是一件令人愉快、幸福的事。99

Jewelry creation is the art expression form that record and exchange life experiences by me and other people, in addition to oral language, written language and body language. Most of my inspiration comes from nature and its infinite creativity, and my religious belief and life experiences. Nature has unlimited vitality, amazing natural texture and gives people more motional situation. A seed, a leaf, or a clear spring can touch my soul. These natural elements in my works in the present form, the value of intuition and thought, help me to ascertain the mysteries of life. I enjoy every creative process, dialogue with material, touch with the hands, and communication with heart. Create a new vitality and spiritual personalized jewelry, is a pleasant thing.

大城小爱

戒指　银、蛋壳　6cm×3cm×9cm　2007

欢悦

戒指　银、珍珠、纤维　5cm×3.5cm×13cm　2007

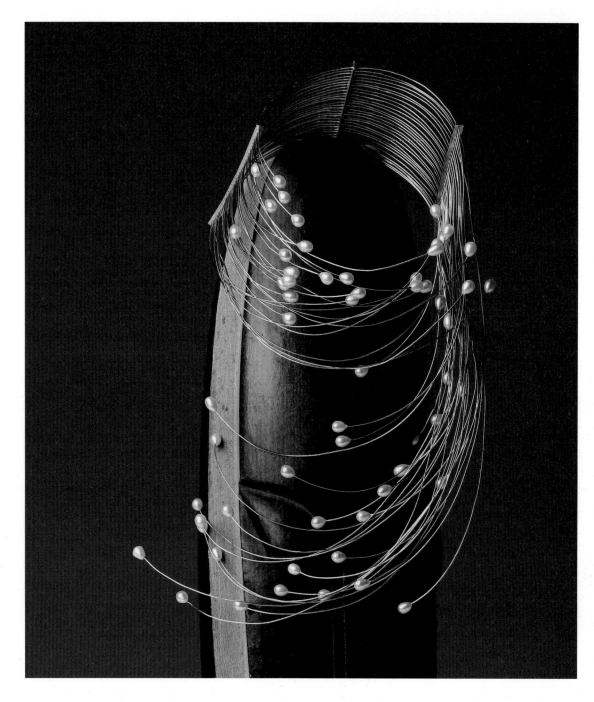

星缀

项饰　925 银、珍珠　10cm×4cm×10cm　2009

甜蜜

胸针组合件　耳环、吊坠
18K金、象牙、欧泊、钻石、珊瑚
6cm×7cm×1cm　2015

如鹰展翅上腾

胸针　18K金、欧泊　10cm×5cm×0.7cm　2015

袁文娟
Yuan Wenjuan

首饰工作室 2006 级硕士研究生
浙江传媒学院设计艺术学院讲师

2009 年毕业于上海大学美术学院艺术首饰专业，获文学硕士学位。2010 年起任教于浙江传媒学院，2012 年创建饰品设计实验室。

主要展览：

互动·倾向——2009 国际金属艺术展（2009）、精工造物——中国第四届现代手工艺学院展（2009）、2011 互动·创新——2011 国际金属艺术展（2011）、1895——中国当代工艺美术系列大展（2013）、跨界·实验——北京国际当代金属艺术展（2013）.

Yuan Wenjuan received her MA degree from the College of Fine Arts of Shanghai University in 2009. Her major is Art Jewelry Design. She has been teaching in Zhejiang University of Media and Communications since 2010, and built the jewelry design studio in 2012.

Exhibition Experiences：
International Contemporary Metal Art Exhibition (2009)
The 4th Session of the Chinese Modern Arts and Crafts Institute in the Exhibition (2009)
International Contemporary Metal Art Exhibition (2011)
1895 Contemporary Chinese Arts and Crafts Exhibition (2013)
Beijing International Contemporary Metal Art Exhibition (2013)

梦回童年 #1

戒指　925 银　3cm×3cm×8cm　2007

梦回童年 #2

胸针　925 银　7cm×1.5cm×6cm　2007

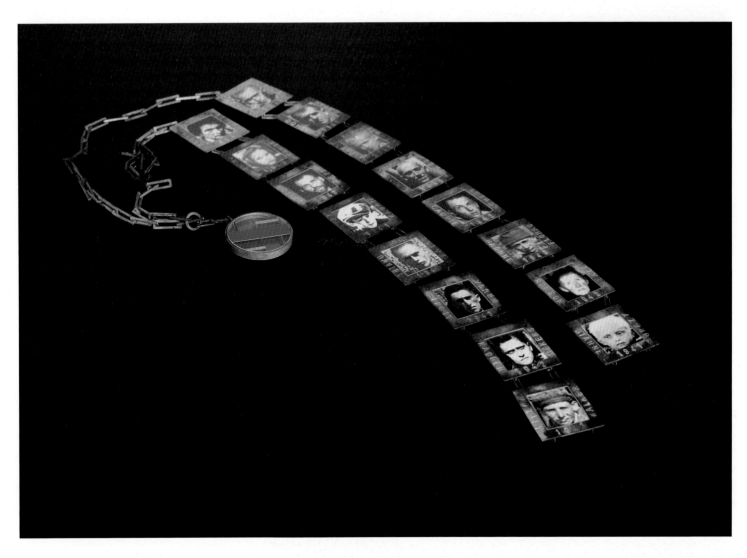

1941—1944

项饰　925 银、照片、有机玻璃　80cm×0.4cm×80cm　2008

瞳 1

项饰　925 银、木　9cm×2cm×6cm　2016

瞳 2

项饰　925 银、木　11cm×1.8cm×14.5cm　2016

李桑

Li Sang

首饰工作室 2007 级硕士研究生
上海视觉艺术学院时尚设计学院珠宝与饰品专业讲师、浙江省
珠宝协会会员

2001 在中国美术学院获得文学学士学位，2010 年在上海大学获得文学硕士学位。2012 年起任教于上海视觉艺术学院时尚设计学院珠宝与饰品专业。拥有独立品牌桑·SANG。

作为艺术家及设计师，热爱手工艺，近年致力于传统工艺——花丝的传承，力图从纹样、视觉形态方面进行突破，以适合都市人佩戴。让这项濒临失传的工艺为更多人认识，从而促进传承。优雅、精致、个性、易搭配，是其花丝作品令人难忘的特性，亦是设计师坚守的设计哲学。

作品多次参加国外内展览，如北京国际首饰艺术双年展、北京国际当代金属艺术展、"1 + 1: 十一对青年艺术家的故事"展览、"炼金铸身"2015 杭州当代国际首饰与金属艺术三年展、1895 中国当代工艺美术系列大展优秀作品展、第十一届全国美展作品展览、首饰艺术博览会、中国东盟博览会、杭州艺术博览会等。2009 年，作品《雪》获第十一届全国美展提名奖，在第四届中国现代手工艺学院展中获优秀作品奖。

In 2001, Li Sang gained a BA degree in China Academy of Fine Arts and a MA degree in 2010 in Jewelry Art from Shanghai University. In 2012, she started to teach Jewelry and Accessories Design in the College of Fashion Design in Shanghai Institute of Visual Arts. Meanwhile, she has registered an independent brand: SANG.

As an artist and designer, Li Sang is devoted to handicrafts. In recent years, she has been committed to the traditional process of filigree, and experiments with new texture pattern and visual form, so as to cater to urban dwellers. Li has enabled more people to acquaint with this endangered craft and promoted the heritage of classical handicraft. Elegance, delicateness, personality and compatibility are impressive hallmarks of her filigree works, which also represent the design philosophy of the designer.

Li's works have been shown in many domestic exhibitions, such as the Beijing International Jewelry Art Biennial, Beijing International Contemporary Exhibition of Metallic Art, "1 + 1: The Story of 11 Pairs of Young Artist", "Refining Gold to Cast the Body" — The 2015 Contemporary International Jewelry and Metallic Art Triennial Exhibition in Hangzhou, and 1895 series exhibition of outstanding contemporary Chinese arts and crafts, the 11th national art works exhibition, jewelry art exposition, China ASEAN exposition, Hangzhou art exposition, and so on. In 2009, "Snow" won the nomination of the 11th national art works, and won the prize of excellent works in the 4th Session of the Chinese Modern Arts and Crafts Institute in the Exhibition.

66 　我的作品表现了对生命体轨迹、发展和潜藏动因的关注。早年中国画的研习，奠定了我观察、表现的角度和方式，使我痴迷于线条，有形、无形，用它们来记录个人的思考，表达对某种现象的态度及对绘画的热爱。作品注重韵律和结构，传达意境，致力于让首饰成为"可移动的绘画"。通过相关工艺构建唯美、抽象、无序、似是而非的视觉语言。 99

My works embody concern for the life trajectory, development and implicit motivation of living organisms. Early experience in Chinese painting study has paved the way for my perspective and way of observation and expression. Consequently, I am fascinated with lines tangible or intangible, and employ them to record personal thinking, to express attitude towards certain phenomenon, and to manifest my love for painting. My works not only highlight rhythm and structure, but also poetic imagery, so as to enable jewelry to become "mobile painting". Through relevant technology, my design constructs aesthetic, abstract, postmodern and plausible visual language.

雪

雪

雪

耳环　925 银、珍珠　6.4cm×4.6cm×1.4cm　6.3cm×4.6cm×1.1cm　2009

戒指　925 银、珍珠　3m×2.6cm×3cm　2009

项圈　925 银、珍珠　22.5cm×15.7cm×2cm　2009

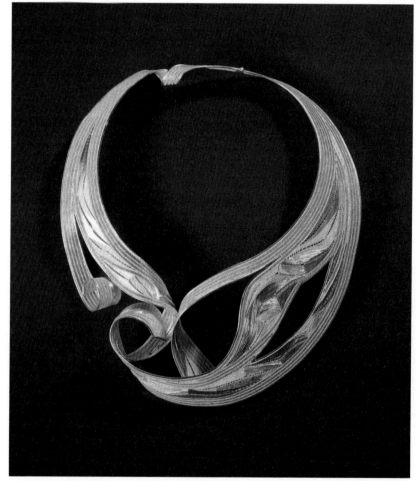

归·谧之一

纯银　19cm×17cm×3cm　2013

归·谧之二

纯银　21cm×18cm×3.5cm　2014

观·溯 1

耳钉　银、碧玺、沙弗莱、石榴石、透辉石、葡萄石　2.2cm×1.75cm×1.7cm　2cm×2cm×2cm　2013—2016

观·溯 2

耳钉　银、碧玺、沙弗莱、石榴石、透辉石、葡萄石　3cm×1.7cm×1.7cm　4.8cm×1.3cm×1cm　2013—2016

观·溯 1、2、3

戒指　银、碧玺、沙弗莱、石榴石、透辉石、葡萄石　2.8cm×1.7cm×3.5cm　2.2cm×1.9cm×2.9cm　2.6cm×1.8cm×3.5cm　2013—2016

张妮
Zhang Ni

首饰工作室 2007 级硕士研究生
上海工商职业技术学院珠宝系讲师、上海工商职业技术学院珠宝系首
饰工艺与设计专业副主任、Joan-Ni 首饰工作室创始人

2007 年毕业于山东工艺美术学院现代手工艺术系，获学士学位。2010 年毕业于上海大学美术学院，获
硕士学位，主修金属工艺与首饰艺术专业。2010 年至今任教于上海工商职业技术学院珠宝系，2015 年
担任首饰工艺与设计专业副主任。2014 年创办 "Joan-Ni 首饰艺术工作室"，创作作品并推广当代手工
艺与首饰艺术文化。

作品曾多次在国内外展出，曾参与的主要展览有：香港 "中国设计新青年展"（2009）；"走进手工作坊"
第五届中国现代手工艺术学院展（2010）、第 20 届中日友好交流展、2013 香港 Ame 画廊 "不只是玉"
中国本土艺术家当代首饰展（2013）、北京国际首饰艺术双年展（2013）"跨界·实验" 北京国际当代
金属艺术展（2013）"炼金铸身" 杭州当代国际首饰与金属艺术三年展（2015）等。

Zhang Ni gained a BA degree in Shandong University of Art and Design and a MA degree in 2010 in Jewelry Art from
Shanghai University. She holds the post of deputy director of jewelry technology and design department in Shanghai
Industrial and Commercial Polytechnic. In 2014, she founded the personal studio — Joan-Ni Jewelry Art Studio, which
creates works and is specifically devoted to promoting contemporary crafts art.

Zhang's works have been exhibited both nationally and internationally. She participated in many main exhibitions, such
as 2009 China Design New Youth Exhibition in HK, 2010 The 5th China Modern Handicrafts Art School Exhibition in
Jinan, The 20th Sino-Japanese Friendship Exchange Exhibition, 2011 HK Ame Gallery The Contemporary Art Jewelry
Exhibition of China, 2013 Beijing International Jewelry Art Biennial, Pushing Boundaries & Chasing Challenges:
2013 Beijing International Contemporary Metal Art Exhibition, "Gold casting body" 2015 Hangzhou Contemporary
International Jewelry & Metal Art Triennial in China Academy of Fine Arts Gallery, etc.

首饰艺术作为一种思想情感艺术表达的媒介，其材料与工艺的无限可能性以及与身体情感的互动性是我为之着迷的原因。我的作品多关注于生活中细微的事物与情感，探索隐秘未知的领域，将首饰作品作为一种可与佩戴者情感互动的视觉日记。

Jewelry art, as a medium to express thoughts and feelings, is so addictive to me because of the endless possibilities of its materials and techniques as well as the emotional interaction with the body. Most of my works focus on subtle things and feelings in our life, aim to explore the unknown fields, and act as visual diaries about the emotional interaction with people who wear them.

云之上 Ⅰ

摆件　925 银、手工纸、竹皮、菩提果
7cm×4.5cm×17cm　2011

云之上 Ⅱ

戒指　925 银、手工纸、竹皮、菩提果
4cm×3cm×16cm　2011

云之上 Ⅲ

胸针　925 银、手工纸、竹皮、菩提果
8.5cm×3cm×25cm　2011

倾城——阮玲玉

胸针　珐琅、925 银、紫铜　6.2cm×10cm×1.5cm　2009

倾城——周璇

胸针　珐琅、925 银、紫铜、珍珠　7cm×6cm×1.5cm　2009

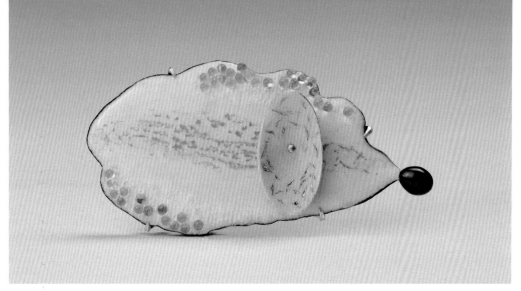

X‐Ⅰ

胸针　银、紫铜、玻璃珠、金银箔、珍珠
3.5cm×7cm×1.6cm　2016

X‐Ⅱ

胸针　银、紫铜、玻璃珠、金银箔、珍珠
5.6cm×4.6cm×1.5cm　2016

吴二强
Wu Erqiang

首饰工作室 2008 级硕士研究生
当代首饰艺术家

1994—1998 年河南省工艺美术学校造型设计专业，2001—2005 年江南大学设计学院公共艺术专业学士，2005—2008 年江苏常州纺织服装学院创意设计学院雕塑专业教师，2008—2011 年上海大学美术学院现代首饰艺术专业硕士，2011—2013 年上海工程技术大学服装学院首饰工作室教师，2013年至今"U & M——吾尔强工作室"艺术总监。

作品曾参加"中国当代青年首饰艺术家十人展"、上海国际金属工艺暨首饰艺术邀请展、文化部、财政部"全国百强优秀青年设计师作品展"、"传统·创新"当代首饰艺术家作品展、"跨界·实验"北京国际金属艺术展、"首饰·身份"北京国际首饰艺术双年展、中国当代金属艺术展、中国现代手工艺术学院展、"互动·创新"第二届北京国际金属艺术展、上海设计大展、"新青年"香港营商周设计作品展、第十一届全国美术作品展览等重要专业展览。近年来，多次参与策划当代首饰艺术展览，多次任首饰设计大赛评委等。

Wu Erqiang studied at School of Arts and Crafts of Henan Province from 1994 to 1998. He got his bachelor's degree from College of Design of Jiangnan University in 2005. Then he worked as a teacher at Changzhou Textile and Garment Institute from 2005 to 2008. He received his master's degree of modern jewelry art from College of Fine Arts of Shanghai University in 2011, and worked as a teacher at Shanghai University of Engineering Science from 2011 to 2013. Now he is the art director of "U&M-Art Jewelry Studio" and works as an independent artist.

Exhibition Experiences: The 10th Chinese Contemporary Youth Jewelry Artists Exhibition, Shanghai International Metal Craft and Jewelry Art Invitational Exhibition, National 100 Top Outstanding Young Designers Exhibition, "Tradition & Innovation" Contemporary Jewelry Artist Exhibition, "Crossover & Experiment" Beijing International Metal Art Exhibition, "Jewelry & Identity" Beijing International Jewelry Art Biennale, Chinese Contemporary Art Metal Exhibition, The Chinese Modern Exhibition Manual Art Institute, "Interaction & Innovation" Second Beijing International Metal Art Exhibition, Design Exhibition in Shanghai, "New Youth" Hong Kong Design Exhibition, The 11th National Art Exhibition and other important professional exhibition. In recent years, he has participated in planning contemporary jewelry art exhibition and judged in many jewelry design contests for many times.

> 当代首饰艺术创作的过程，是我把带有体温的情感和思考，通过指尖的神经末梢，传递到冰冷的金属物上的过程，之后，这块金属不再冰冷，而与人体恒温。

Through the creation of contemporary jewelry art, I try to put my feelings and thoughts into my works, and build a bridge between the works and consumers with ideas and emotions.

风骨

胸针　925 银　6cm×6cm×1 cm　2015

问天

四孔戒指　925 银　12cm×12cm×1 cm　2015

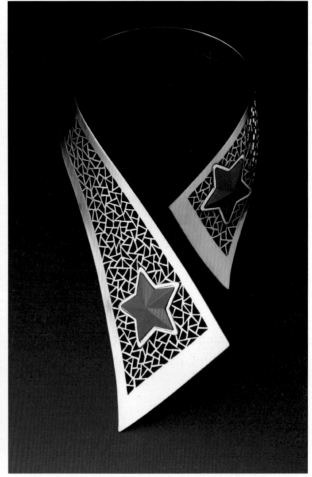

红色记忆

项饰　925 银、白铜、像章　6cm×6cm×1cm　2010

红色记忆

项饰　925 银、白铜、五角星　22cm×14cm×5cm　2012

X - II

胸针 925 银、崖柏 7cm×6cm×1.5cm 2016

乡恋

四孔戒 925 银、崖柏 8.5cm×6cm×1.5cm 2014

王琼
Wang Qiong

首饰工作室 2009 级硕士研究生
上海建桥学院珠宝学院专业讲师、Joan-Ni 首饰工作室创始人

2007 年毕业于景德镇陶瓷学院，获学士学位，主修陶瓷艺术设计专业；2012 年毕业于上海大学美术学院，获硕士学位，主修金属工艺与首饰艺术专业。2012 年 8 月至今担任上海建桥学院珠宝学院专业教师。2014 年创办"Joan-Ni 首饰艺术工作室"，创作作品并推广当代手工艺与首饰艺术文化。

曾参与编写《国家职业资格培训教程——首饰设计师》(国家职业资格二级、三级)教材；发表学术论文《首饰艺术中物象的借用及关怀主题的表达》等。曾接受《设计》《时尚珠宝》《中国黄金珠宝》等杂志媒体的专访。

作品曾多次在国内外展出并获奖，曾参与的主要展览有："炼金铸身"杭州当代国际首饰与金属艺术三年展（2015）、首饰艺术博览会（2014）、"跨界·实验"北京国际当代金属艺术展（2013）、北京国际首饰艺术双年展（2013）、中日友好交流展（2011）"上海美术大展"上海设计展（2011）、作品《游园惊梦》系列荣获设计铜奖、"走进手工作坊"第五届中国现代手工艺术学院展（2010）、零九中国设计新青年展（2009）等。

Wang Qiong received her bachelor's degree from Jingdezhen Ceramics Institute in 2007.She majored in Ceramics Design. In 2012, she graduated with a master's degree in Jewelry and Metals from the School of Fine Arts of Shanghai University. Since August 2012, Wang has been serving as a professional teacher in Jewelry Institute of Shanghai Jianqiao University. In 2014, she founded the personal studio—Joan-Ni Jewelry Art Studio ,which creates works and is specifically devoted to promoting contemporary crafts art.

Wang was one of the editors who wrote The National Occupation Qualification Standard for Jewelry Designs and the textbooks written for training people to obtain the national qualification certificates of Level 2 and Level 3. She has got many academic papers published including The Object to Borrow and Care Theme in Arts of Jewelry. She was once interviewed by the media and magazines such as "Vogue Jewelry", "Design" and "Jewelry & Gold".

Wang's works have been exhibited both nationally and internationally and have received multiple awards. She participated in many main exhibitions, such as 2009 China Design New Youth Exhibition in HK, 2010 The 5th China Modern Handicrafts Art School Exhibition in Jinan, and 2011 Sino-Japanese Friendship Exchange Exhibition in Japan. Her works of "Peony Pavilion" won the bronze medal design in 2011 Shanghai Art Exhibition, and some other works have been shown in Pushing Boundaries & Chasing Challenges: 2013 Beijing International Contemporary Metal Art Exhibition, 2013 Beijing International Jewelry Art Biennial, 2014 Shanghai Jewelry Art Expo, "Gold casting body" 2015 Hangzhou Contemporary International Jewelry & Metal Art Triennial in China Academy of Fine Arts Gallery, etc.

66 就像画家的画布一样，首饰是我们观念输出的形态而不是观念本身。只是我们把首饰独有的艺术佩戴功能和我们的观念表达融为一体，由佩戴引入人的直接参与、对话和交流。这是最奇妙的。我的作品不太拘泥于表达的技法和形态，在看似多元的外部特征下寄托个人对关怀的思考。我把手的温度、心的慰藉通过首饰转达给佩戴它的人群，通过佩戴它的人群叙续我们共同的关怀。99

The same as a painter's canvas, jewelry is the output form of concept rather than concept itself. We just mix the unique art of wearing function with our concept of expression. People's direct participation, dialogue and communication are introduced by wearing function, which is the most wonderful thing. My works do not rigidly adhere to the expression of the techniques and forms, but put hope on individual consideration of care in the seemingly diverse external characteristics. People who wear the jewelry can receive my expectation by hand and by heart. Besides, it can extend our common care.

治疗 系列

银、药材、珍珠、金箔　10cm×8cm×2.5cm　6cm×11cm×4cm　10.5cm×4.5cm×2cm　2016

游园·惊梦　系列

项链　银、陶瓷、黄晶　25cm×36cm×8cm　2011

游园·惊梦　系列

项链　银、陶瓷、黄晶　25cm×36cm×6cm　2011

游园·惊梦——皂罗袍

吊坠 925 银、陶瓷 11.5cm×11cm×4cm 2011

游园·惊梦——山桃红

胸针 925 银、陶瓷 10cm×6.5cm×2.5cm 2011

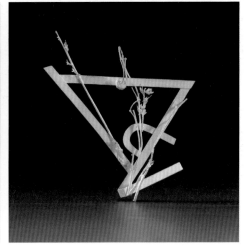

游园·惊梦——绕地游

胸针 925 银 8.5cm×8cm×2cm 2011

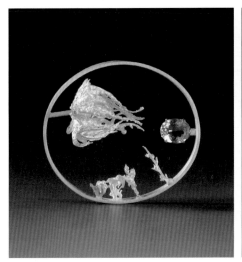

游园·惊梦——步步娇

吊坠 925 银、黄晶 7.5cm×6cm×3cm 2011

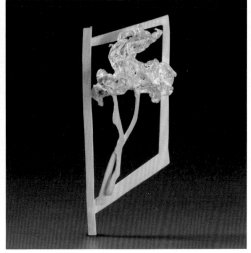

游园·惊梦——醉扶归

胸针 925 银 4.5cm×10cm×2.5cm 2011

游园·惊梦——绵搭絮

吊坠 925 银 8.5cm×7cm×2cm 2011

胡世法
Hu Shifa

首饰工作室 2010 级硕士研究生
上海工程技术大学服装学院首饰工作室讲师、上海搜华珠宝首饰有限公司设计总监

2010—2013 年就读于上海大学美术学院，获得硕士学位。主修专业为首饰金工艺术设计与制作。2014年就职于上海工程技术大学服装学院；作品曾多次在国内外重要展览展出并获奖。

曾参加的主要展览有："MODE SHANGHAI"上海服装服饰展（2016）、"无界"北京国际首饰艺术展览（2015）、"炼金铸身"杭州当代国际首饰与金属艺术三年展（2015）、当代中国艺术首饰青年艺术家十人展（2015）、国际新锐首饰设计师交流展（2015）、上海国际会议中心"可佩戴的艺术品"当代首饰艺术展（2014），第十二届全国美展作品入围（2014）、北京国际首饰艺术双年展（2013）、北京"跨界·实验"北京国际当代金属艺术展（2013）、"一花一世界"泰国首饰展（（2011））等。

In 2010, he began to study at the College of Fine Arts of Shanghai University, and received a master's degree in 2013, majoring in jewelry for the professional design and production. Since 2014, he has been working at Fashion College, Shanghai University of Engineering and Technology. His works have been exhibited and won prizes in important exhibitions both at home and abroad.

HU has been involved in many exhibitions such as 2016 "MODE SHANGHAI" Fashion and Accessories Exhibition, "Jewelry Boundless" 2015 Beijing International Jewelry Art Exhibition, "Body Alchemy" Hangzhou Contemporary International Jewelry and Metal Art Triennial 2015, Ten of China Youth Jewelry Artist Exhibition 2015, 2015 International Innovative Jewelry Designers Fair, "Wearable Art Jewelry" Contemporary Jewelry Exhibition, The 12th National Fine Arts Exhibition, "Jewelry & Identity", 2013 Beijing International Jewelry Art Biennale, "Pushing Boundaries & Chasing Challenges" 2013 Beijing International Contemporary Metal Art Exhibition, and "A world in a wild flower" 2011 Thailand Jewelry Exhibition.

" 首饰是最贴近身体的艺术，它带着身体的温度，可以和佩戴的人有最无间的交流！ "

Jewelry is the art that is the closest to the body. With the body's temperature, it can communicate most intimately with people who wear it.

流年　系列

吊坠　925 银、现成物、珍珠、照片、树脂　8cm×5.8cm×1.2cm　2013

流年　系列

戒指　925 银、现成物、珍珠、照片、树脂　6.8cm×7cm×1.3cm　2013

流年　系列

戒指　925 银、现成物、珍珠、照片、树脂　8.8cm×5.5cm×1.2cm　2013

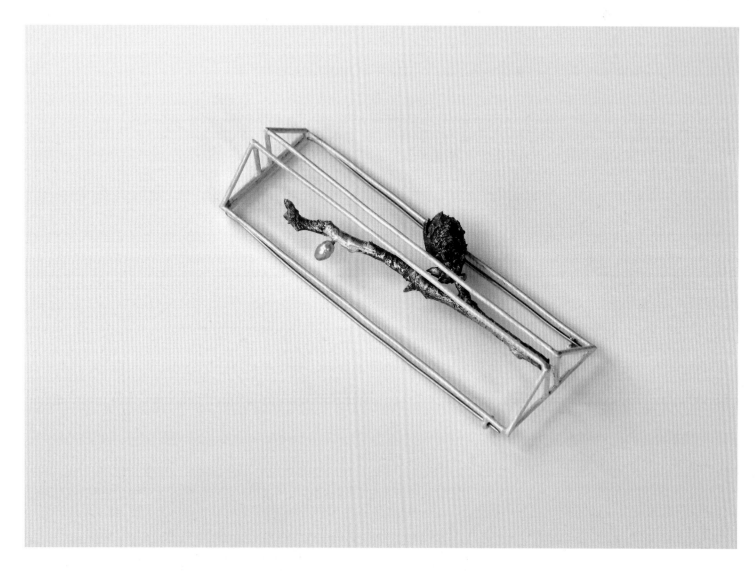

无声　系列

胸针　925 银、黄铜、珍珠　8.5cm ×2.8cm ×1.5cm　2015

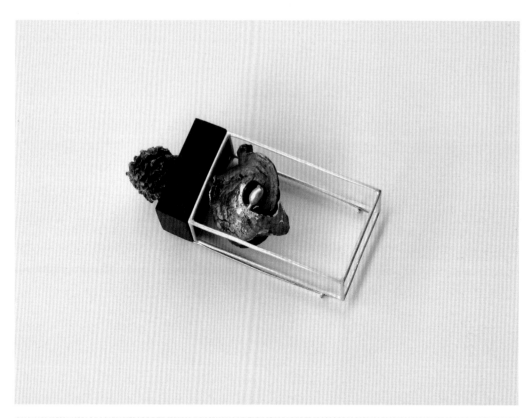

无声　系列

胸针　925 银、黄铜、珍珠
7.3cm ×2.9cm ×2cm　2015

无声　系列

胸针　925 银、黄铜、珍珠
4.7cm ×3.3cm ×2.3cm　2015

王书利
Wang Shuli

首饰工作室 2010 级硕士研究生
上海工程技术大学服装学院首饰工作室教师

2010 年在山东工艺美术学院获得学士学位，2013 年在上海大学美术学院获得硕士学位。2013 年至今任
教于上海工程技术大学服装学院并担任多个企业的兼职首饰设计师职务。作品曾多次参加国内外展览：
2015 年北京艺术首饰双年展、2014 年首饰艺术博览会（上海）、"跨界·实验"——2013 年北京国际
当代金属艺术展、2013 年上海大学优秀毕业展、2013 年北京国际首饰艺术双年展、上海美术大展——
上海设计展（2011）等。

Wang Shuli graduated from Shandong University of Art and Design in 2006 with a BA degree. And she got her MA degree at Shanghai University in 2013. In the same year, she started to teach in Shanghai University of Engineering Science. Her works have been shown in many exhibitions such as Beijing International Jewelry Art (2015), Design exhibition in Shanghai (2014), The Contemporary Metal Art Exhibition in Beijing (2013), Outstanding Graduation Exhibition of Shanghai University (2013), and Shanghai Art Exhibition (2011).

游无居·览无物

胸针 铜、软陶
7.5cm×3.5cm×1.5cm   2013

66 我的成长经历和我的人生经验都是别人无法复制的，这是我很重要的生命财富；我敬畏造物主并欣赏他带给我的人生。

我是个有很多想法并且敏感的人，也可以说是在情绪上时常'矫情'的人。'矫情'的情绪在心里压抑久了需要一个倾诉的出口，有时候手边有纸笔，就会写下一两散句；有时候手边有速写本就画上几幅小稿，这些都是我的方式。于我而言，首饰相当于几句骈文短句或几幅速写小稿，它作为一种艺术形式的载体，是我在表达自己时一种很自然而然的方法。99

In my life the most important wealth is my life experience which is unable to be copied. I fear the creator and appreciate him. I'm a sensitive person and have a lot of ideas, which means I am melodramatic emotionally. But this mood depressed in heart for a long time needs to be expressed. So, my way to deal with problems is to write one or two verse or draw a few sketches. For me, jewelry is equivalent to those words or sketches. As an art form, art jewelry is a very natural way to express myself.

游无居 · 览无物

胸针　铜、软陶　7.5cm×3.5cm×1.5cm　2013

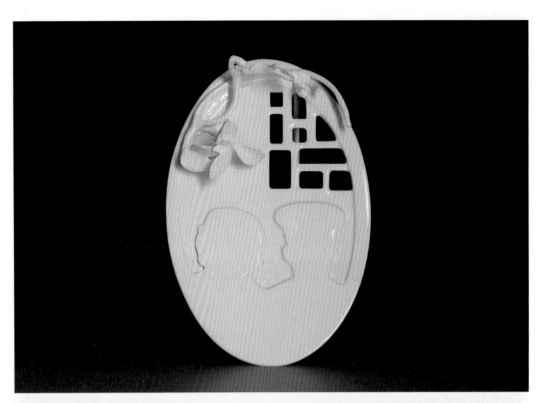

岁月

胸针　铜、化学漆、银
7cm×3.5cm×2cm　2010

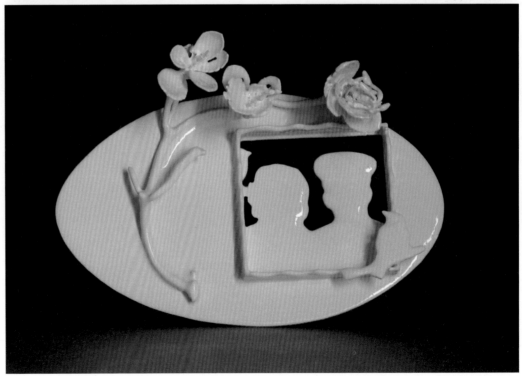

岁月

胸针　铜、化学漆、银
7cm×3.5cm×2cm　2010

岁月

胸针　铜、化学漆、银　7cm×4cm×3cm　2010

颜如玉
Yan Ruyu

首饰工作室 2011 级硕士研究生
上海商学院首饰工作室教师

2011 年本科毕业于上海建桥学院宝石与材料工艺学，2014 年硕士毕业于上海大学美术学院首饰设计专业。从事首饰设计与制作时间长达十年，现专门从事金属编织方向的设计研究。

主要展览：

"无界" 2015 北京国际首饰艺术展 (2015)

首饰艺术博览会 (2014)

首饰艺术博览会 (2013)

2013 北京国际首饰艺术双年展 (2013)

"跨界·实验" 2013 北京国际当代金属艺术展 (2013)

中国当代金属工艺美术大展 (2013)

"心手相印，传承创新" 第六届中国现代手工艺学院展 (2011)

上海设计大展 (2011)

Yan Ruyu graduated from Shanghai Jianqiao University of gemstones and materials technology in 2011, and graduated from the College of Fine Arts of Shanghai University in 2014. She has been engaged in the design and production of jewelry for up to 10 years, and now she specializes in the direction of the design of metal weaving research.

Exhibition Experiences:

"Unbounded" 2015 Beijing International Jewelry Exhibition (2015)

Jewelry Art Fair (2014)

Jewelry Art Fair (2013)

2013 Beijing International Jewelry Art Biennale (2013)

"Crossover & Experiment" 2013 Beijing International Contemporary Metal Arts Exhibition (2013)

Chinese Contemporary Metal Arts and Crafts Exhibition (2013)

The 6th China Modern Institute of Arts and Crafts Exhibition (2011)

Shanghai Design Exhibition (2011)

> 66 人生有机会认识艺术的人是幸福的，能够从事首饰设计的艺术人是幸运的。我很庆幸能成为这样一个幸福又幸运的人！ 99

Blessed is the person who has the opportunity to participate in art. Lucky is the person who has the chance to engage in jewelry design. I am so glad to be such a blessed and lucky person.

织语   织语

胸针 纯银、925 银   10cm×5cm×13cm   2016   手镯 纯银、925 银   5cm×5cm×8cm   2016

丝链

胸针　纯银、925 银、大溪地珍珠
60cm×0.5cm×5cm　2015

简单的满足

胸针　纯银、925 银
5cm×5cm×7cm　2015

自我的捆绑

胸针　紫铜、银、漆、羽毛、软陶　5cm×5.5cm×2.5cm（红）　6cm×6cm×2.5cm（黄）　2014

危险的美丽

项链　紫铜、线、彩铅　3.5cm×3.5cm×50cm　2014

徐忱
Xu Chen

首饰工作室 2012 级硕士研究生
上海工商职业技术学院珠宝系专业讲师

2008—2012 年毕业于中国美术学院陶瓷与工艺美术系首饰设计专业，获得文学学士学位。2012—2015 年就读于上海大学美术学院，师从郭新老师，主修现代首饰艺术专业，获得文学硕士学位。现任上海工商职业技术学院珠宝系专业教师，已获中级宝玉石鉴定师资格证、首饰设计师高级职业资格证等。

作品多次在国内各大展览中展出并获奖。曾参与的主要展览有："IN TOUCH"北京 798 当代首饰艺术邀请展、中国美术学院教学成果展、当代首饰艺术国际邀请展（2011）、1985 中国当代工艺美术系列大展暨学术论坛——中国当代金属艺术展、首饰艺术博览会（2013）、北京国际首饰艺术大展、中国第七届手工艺展、"跨界·实验"——北京国际当代金属艺术展（2013）、上海设计展（专业组）、"中国梦——为中国设计"上海设计作品展暨第 12 届全国美展设计展上海地区作品展、2014 首饰艺术博览会、第四届手工艺展等。所获奖项主要有"上海新锐首饰设计师大赛"新生代组三等奖、"上海市首饰行业职业技能大赛"二等奖、"2014 设想未来首饰创意设计大赛"优秀奖等。

Xu Chen had been studying in China Academy of Art for modern jewelry art since 2008 to 2012. After three years' study with Prof. Guo Xin, she graduated from the Fine Arts College of Shanghai University in 2015. Now she works as a teacher in the Jewelry Department of Shanghai Industrial and Commercial Polytechnic. Thanks to the hardworking, she has got the qualification of Intermediate Gem Identification Certificate and Senior Professional Qualification Certificate for Jewelry Designer.

Her projects were often exhibited in important exhibitions such as Beijing International Contemporary Metal & Jewelry Art Exhibition 2013, The China Academy of Art Teaching Achievement Exhibition, Chinese Contemporary Arts & Crafts Series of Exhibitions, Shanghai International Modern Jewelry Expo 2013, Beijing International Jewelry Exhibition 2015, and The 7th China Modern Handicrafts Art School Exhibition. And some got prizes such as the third prize in Shanghai New Talent Design Competition, and the second prize of Jewelry Industry Professional Skills Competition.

66 一个人的战争是我生活中经常出现的状态，在这种状态下的痛苦是变化的、细微的，没有办法表述，有时候也很难感知。在这个过程中，创作给了我唯一的激情和动力，如同行走在自己的乌托邦里，愿有朝一日，心澄明镜。99

Struggling with myself is a status which often appears in my life. In this status, the pain is often changeable, subtle, and cannot be described. In this emotion, creation shows me the passion and power for life. Just like walking in my own Utopia, wish someday my heart become pure like a lake.

荒原

胸针　水晶、925 银　9cm×5.5cm×3cm　2015

曲径藏幽

项链　925 银　9.5cm×6.5cm×5cm　2015

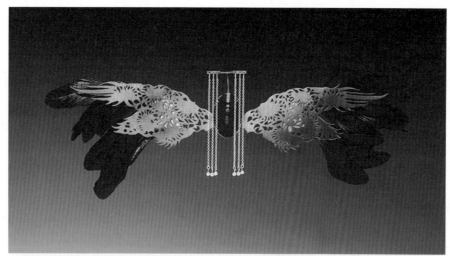

锁深秋　系列之四

胸针　925 银、白铜、羽毛
275cm×75cm×15cm　2015

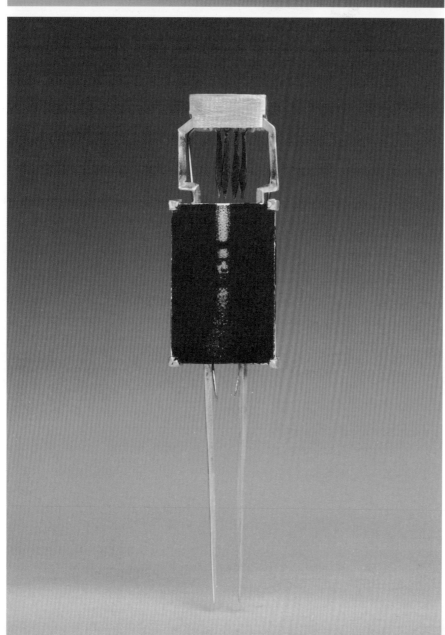

锁深秋　系列之一

胸针　925 银、白铜、羽毛
40cm×125cm×8cm　2015

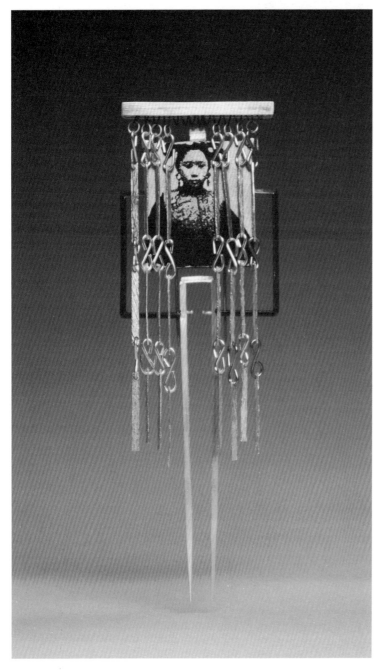

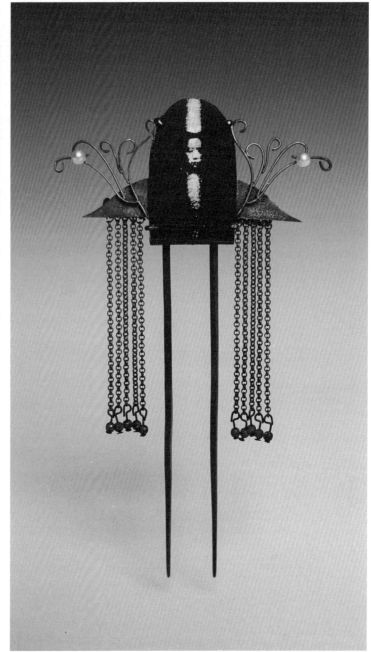

锁深秋　系列之二

胸针　925 银、白铜　25cm×110cm×15cm　2015

锁深秋　系列之三

发簪　925 银、白铜　70cm×115cm×5cm　2015

朱莹雯

Zhu Yingwen

首饰工作室 2012 级硕士研究生
东华大学服装与艺术设计学院教师

2008—2012 年就读于江南大学，设计学院公共艺术专业，获得学士学位。2012—2016 年就读于上海大学美术学院现代首饰艺术专业，获得艺术硕士学位。现任东华大学服装与艺术设计学院实验室教师，已获得中级宝玉石鉴定师资格证、首饰设计师高级职业资格证等。

作品在国内各大展览中展出，曾参与的主要展览有：中国当代工艺美术系列大展暨学术论坛——中国当代金属艺术展"（1985）、2013 首饰艺术博览会、中国第七届手工艺展、上海设计展、2014 首饰艺术博览会、第四届手工艺展、中国国际大学生设计双年展等。获奖比赛主要有"中国梦——为中国设计"上海设计作品展暨第 12 届全国美展设计展上海地区作品展"未来设计师奖"、上海市首饰行业职业技能大赛三等奖等。

Zhu Yingwen received a bachelor's degree in public art from Jiangnan University in 2012, and received her MFA degree in modern jewelry art from the Fine Arts College of Shanghai University in 2016. Now Zhu works as a teacher in Donghua University. She has got the qualification of Intermediate Gem Identification Certificate and Senior Professional Qualification Certificate for Jewelry Designer.

Her works have been shown in many exhibitions, such as Chinese Contemporary Metal Arts Exhibition, Shanghai International Modern Jewelry Expo (2013/2014), China Modern Handcrafts Art School Exhibition (2013/2014), China International University Student Design biennale (2013), The 12th National Fine Arts Exhibition-Design Shanghai 2013. And some received prizes as the third prize of Jewelry Industry Professional Skills Competition, "The Future Designer Award" in Design Shanghai 2013, etc.

世上不缺美的事物，而是缺乏一双发现美的眼睛。我希望通过我的双眼，将生活中单纯美好、清新自然的事物，用首饰的形式记录下来，以此来表达对生活的理解和热爱。

I think there is no lack of beautiful things in the world, but the lack of a pair of eyes to find beauty, so I hope to record natural, pure and fresh things in life with my eyes and my hands, as a way to express the understanding of life and love.

枯 1

吊坠　纯银、纸、锆石　8cm×5cm×10cm　2014

枯 2

吊坠　纯银、纸、锆石　10cm×3cm×7cm　2014

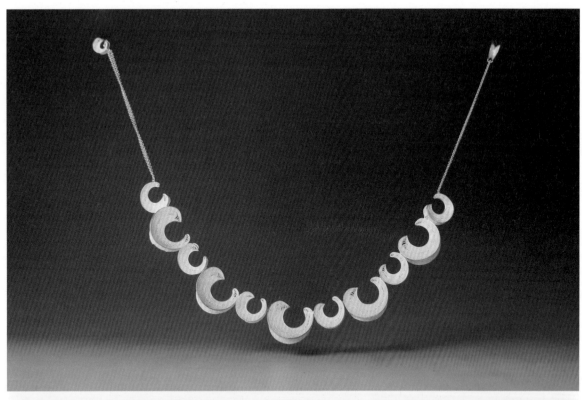

缤纷 1

项链　纯银、925 银
25cm×25cm×2cm　2015

缤纷 2

胸针　纯银、925 银
8cm×8cm×5cm　2015

镜中我 1

胸针　纯银、925 银银、镜面亚克力　5cm×7cm×1cm　2015

镜中我 2

胸针　纯银、925 银银、镜面亚克力　4cm×6cm×1cm　2015

倪晓慧
Ni Xiaohui

首饰工作室 2013 级硕士研究生
上海建桥学院教师

2013 年毕业于中国美术学院首饰设计专业，获得学士学位。2016 年毕业于上海大学美术学院金工首饰专业，获得硕士学位。2016 年进入上海建桥学院，现为上海建桥学院珠宝学院教师。

作品曾参加的主要展览有：中国美术学院优秀毕业作品展（2013）、首饰艺术博览会"（2013）、生活之美——第七届中国现代手工艺学院展（2013）、"跨界·实验"北京国际当代金属艺术展（2013）、上海设计周——首饰艺术博览会（2013）、"中国梦——为中国而设计"上海地区设计展（2014）、手艺的温度——第八届中国现代手工艺学院展（2014）、上海国际珠宝首饰展览会（2016）、上海大学美术学院优秀毕业作品展（2016）等。

Ni Xiaohui received her bachelor's degree from China Academy of Art in 2013.She majored in jewelry design.In 2016 she graduated with a master's degree in jewelry and Metals from the school of Fine Arts of Shanghai University. Since2016,Ni has been serving as a professional teacher in Jewelry Institute of Shanghai Jianqiao University.

Ni's works have been shown in some major exhibitions, such as Outstanding Graduate of China Academy of Fine Arts Exhibition and Jewelry Art Exhibition (2013), "The Beauty of Life" The 7th Institute of Modern Chinese Arts and Crafts Exhibition (2013), "Crossover & Experiment" of Beijing International Contemporary Art Metal (2013), Shanghai Design Week — Shanghai International Modern Jewelry Expo (2013) ,the Design Exhibition in Shanghai with the theme of "The Chinese Dream —designed for Chinese" (2014), The Temperature of the Craft — the 8th China Contemporary Arts and Crafts Exhibition (2014), and Shanghai International Jewelry Exhibition and Shanghai Outstanding Graduate University Academy of Fine Arts Exhibition (2016).

66 叙事性首饰是创作者经历的浓缩，将经历所沉淀的气质表现在绘画性小人身上，这种隐喻性是我所迷恋的。同时紫色、面具、猫爪的神秘性审美倾向都是创作者由内到外的体现，我一直试图在生活和作品中追求一种平衡的状态。 99

Narrative jewelry, whose metaphorical feature presents an attraction to me, is the reflection of the creator's experience, making full display of the creator's temperament and disposition through a pictorial character. In addition, the aesthetic inclination of mystery on color of purple, masks and cat's paws is the embodiment of the creator from outside to inside. I'm trying to strike a balance between life and works all along.

主角

面具　亚克力、纯银　7cm×13cm×5cm　2015

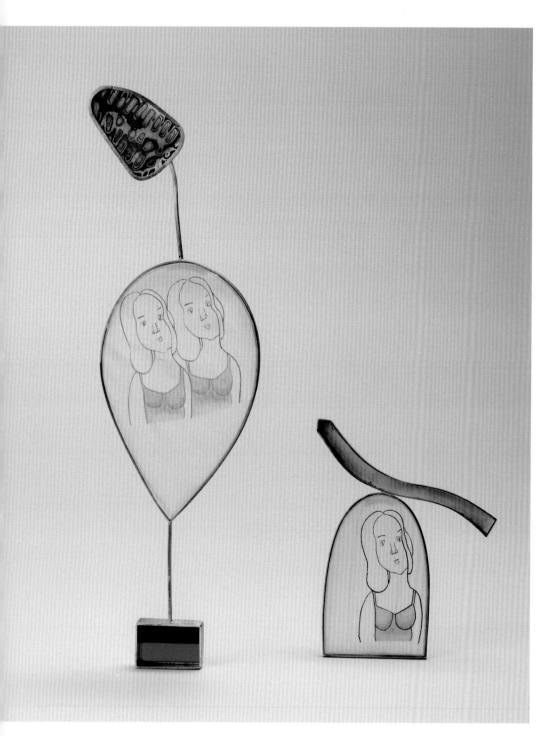

求签 1#

胸针　绢、925 银、亚克力
9cm×35cm×3.5cm　10cm×8cm×2cm　2016

求签 2#

胸针 绢、925 银、亚克力 8cm×8cm×2cm 10cm×8cm×2cm 6cm×4cm×2cm 2016

求签 3#

胸针 绢、925 银、亚克力 6cm×7cm ×2cm 6cm×12cm×2cm 2016

刘晓辰
Liu Xiaochen

首饰工作室 2013 级硕士研究生
AIVA 国际视觉艺术教育学科导师

2009 年毕业于复旦大学上海视觉艺术学院珠宝与饰品设计专业，获得文学学士学位。2009—2012 年留校担任首饰专业工作室技师的职务。2016 年就读并毕业于上海大学美术学院都市手工艺——首饰设计专业，获得艺术硕士学位。现任 AIVA 国际视觉艺术教育学科导师。

作品参展及获奖情况：

上海国际珠宝首饰展览会（2016）；

获 2015 "设·想未来" 创意首饰设计大赛，二等奖（2016）；

获上海新锐首饰设计大赛，新生代未来首饰组三等奖（2015）；

获 2014 "设·想未来" 创意首饰设计大赛，项链组金奖（2015）；

手艺的温度——第八届中国现代手工艺学院展（2014）；

"中国梦——为中国设计" 上海设计展（2014）；

生活之美——第七届中国现代手工艺学院展（2013）；

2013 上海设计周，首饰艺术博览会（2013）。

Liu Xiaochen received her BA degree from Shanghai Institute of Visual Art in 2009. Her major is Jewelry Design. After graduation, she worked as a technician in SIVA for three years. After that, she studied in the College of Fine Art of Shanghai University, and got her MFA degree in 2016. Now she is working as a course tutor in Academy of International Visual Art.

Exhibition Experiences and Awards:

Shanghai International Jewelry Show 2016 (2016)

Second prize in 2015 "Dream for Future" Creative Jewelry Design Competition (2015)

Third prize in 2015 Shanghai New Talent Design Competition (2015)

Gold prize in 2014 "Dream for Future" Creative Jewelry Design Competition (2015)

The 8th China Modern Handicrafts Art School Exhibition (2014)

"Design for China" Shanghai Design Exhibition (2014)

The 7th China Modern Handicrafts Art School Exhibition (2013)

2013 Shanghai Design Week, Jewelry Art EXPO (2013)

66 相对于语言，艺术具有超乎人类意识范畴的表现力，而艺术治疗正是利用了艺术创作和对创作的诠释，帮助人们深入自己的无意识，创造了一个重新认识以往困扰自己的问题的机会。在众多艺术创作形式中，艺术首饰互动性、叙事性的特征使其可以为参与者提供深入自身无意识和潜意识的机会。我试图通过首饰艺术的创作来探求与创作理念相关联的个人记忆、生活经历、情感表达中所暴露的人性中的弱点，以及因此而影响个人性格的种种因素进行自我发现，从而通过首饰艺术独特的表达方式进行情绪宣泄、欲望转移，进而在精神、心理层面达到更为健康的状态。 99

Compared with language we speak, the artistic language is more expressive and supraconscious. Art Therapy is a way which helps people go deep into their own unconscious and creates an opportunity to re-know the problems that have been bothering them through artistic creation and interpretation of creation. In many forms of artistic creation, art jewelry can provide participants with the opportunity to further their own unconscious and subconscious because of the interactive and narrative characteristics. I try to explore the personal memories with creative ideas, life experience and emotional expression in the exposed frailties of human nature by means of artistic creation of jewelry to find the influence factors of individual character. In this way, the purpose of emotional catharsis, desire transfer through the unique expression of jewelry art can be achieved, and it can help people to be in a more healthy state both in mental and psychological level.

阴影的面积

胸针　925 银、纸、树脂、颜料　5.5cm×4cm×0.8cm　7cm×5cm×0.8cm　6cm×4.5cm×0.8cm　2016

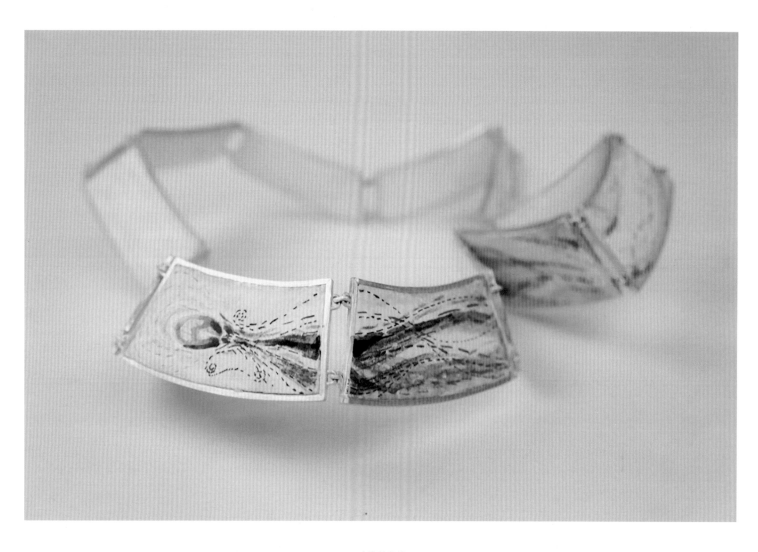

刻印的争战

项链 925 银、纸、颜料 30cm×30cm×0.2cm 2015

一个人的日子

胸针　漫画书纸、树脂、塑料、黄铜　5cm×9cm×4cm　2015

戴芳芳
Dai Fangfang

首饰工作室 2014 级硕士研究生

2014 年毕业于中国美术学院陶瓷与工艺美术系首饰设计专业，获得文学学士学位。2014 年至今就读于上海大学美术学院，师从郭新老师，主修现代首饰艺术专业。

作品多次在国内各大展览展出并获奖。曾参与的主要展览有第六届杭州艺术博览会（2013）、第七届杭州艺术博览会（2014）、2014 上海设计之都活动周国际金属工艺暨首饰艺术展（2014）、第八届中国现代手工艺学院展（2014）、上海国际珠宝首饰展览会（2013）、"本体与多元"——第九届中国现代手工艺学院展等。所获奖项主要有中国美术学院毕业创作暨林风眠创作奖铜奖、紫金奖现代手工艺创新设计大赛优秀奖等。

Dai Fangfang studied in China Academy of Art for modern jewelry Art from 2010 to 2014. Now she is studying in the College of Fine Arts of Shanghai University and taught with Prof. Guo Xin, majoring in modern jewelry.

Her projects was often exhibited in major exhibitions such as Art Fair 2013 Hangzhou, Art Fair 2014 Hangzhou, Shanghai International Metalsmithing & Jewelry Art Exhibition, The 8th China Modern Handcrafts Art School Exhibition, Shanghai International Jewelry Fair, and The 9th China Modern Handcrafts Art School Exhibition. One of the projects won 2014 The CAA Excellent Graduation Works Bronze and another won Award of Excellence from Zijin Award Cultural Creative Design Competition.

66 我对线的感觉很微妙。线是情感的缩影，它密密麻麻缠绕在一起，丰富细腻，一层层的包围是束缚、是不愿意被窥看，同时也是情感的自我观察、自我体验、自我评价的存在体现，作品中运用柔软和尖锐的两个对立触感和材质体现了身心两处、灵肉对峙的局面。希望在创作过程中遇见过去以及现在的自己。99

I have a subtle feeling of line. I think it is an epitome of emotion. They are always intertwined together tightly and surrounded by layers of bondage. That means you can not peep anything. But they express the emotion by self-observation, self-experience and self-evaluation, which reflects their value. My works were made from soft materials and sharp materials. The reason why I use them is that I hope the two different materials can express the confrontation of physical and mental. I also hope to meet different me during the creative process.

遇见自己 01

胸针　925 银、布、绣线、玻璃　9cm×8cm×5cm　2015

遇见自己 02

胸针　紫铜、布、绣线、亚克力、漆　10cm×8cm×6cm　2015

遇见自己 03

胸针　925 银、布、绣线、亚克力　10cm×8cm×6cm　2015

朱鹏飞
Zhu Pengfei

首饰工作室 2014 级硕士研究生

2014 年毕业于山东工艺美术学院，获得文学学士学位，主修专业为首饰设计。

2016 年就读于上海大学美术学院，主修专业为首饰设计。

多次参与首饰展览，如手艺的温度——第八届中国现代手工艺学院展（2014）、"跨界·实验"北京国际当代金属艺术展（2013），并获得 2015 上海新锐首饰设计大赛新生代未来首饰组最佳工艺奖（二等奖）、2015 第二届"紫金奖"文化创意设计大赛艺术首饰铜奖。

Zhu Pengfei graduated from Shandong University of Art & Design in 2014, majoring in jewelry design. He is studying at the College of Fine Arts of Shanghai University for modern jewelry art.

His works have been shown in many exhibitions such as the Temperature of the Craft — The 8th China Contemporary Arts and Crafts Exhibition in 2014, and "Crossover & Experiment" Beijing International Contemporary Art Metal in 2013. One piece of his works won the second prize in 2015 Shanghai New Talent Design Competition and another won the third prize in the 2nd Zijin Award Cultural Creative Design Competition.

心·动

胸针　925 银
6cm×6cm×9cm　2015

66 首饰创作的过程对本人而言是一种生活的调剂，能更好地对自己的问题进行思考，它可以帮助我平复杂乱的思绪。首饰创作过程中的互动帮助构建了本人的内心世界，它将人与大脑中的自己联系在了一起，用非语言的方式与自己对话。99

The process of designing jewelry is the relief of my life. It is beneficial to thinking deeply and helps me to relieve depression. The interaction between jewelry and designers promotes their mind, and help people establish close relations with their inner.

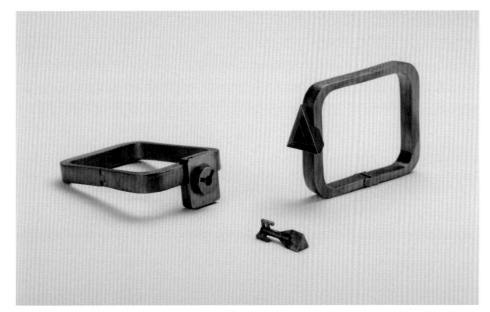

挣脱

手镯　925 银　9cm×6cm×2.5cm　2016

挣脱　佩戴效果

手镯　925 银　9cm×6cm×2.5cm　2016

郑植文
Zheng Zhiwen

首饰工作室 2015 级硕士研究生

2014 年毕业于中国美术学院陶瓷与工艺美术系饰品专业，获得文学学士学位。2015 年考入上海大学美术学院师从郭新老师攻读都市手工艺首饰专业硕士学位。

作品参展：杭州艺术博览会（中国当代手工器物展——可佩"带"雕塑首饰主题展）（2013）、上海国际金属工艺暨首饰艺术展 (2014)、北京国际首饰艺术展 (2015)、上海国际珠宝首饰展览会 (2016)。

2010-2014 Undergraduate of jewelry design ,China Academy of Art. 2015-Now Study in Fine Arts College, Shanghai University. Major in Contemporary Jewelry. Tutor is Shannon Guo.Now she is working for her master degree.

Exhibition Experiences:

Hangzhou Art Fair (China Contemporary Manual Implements Exhibition) (2013)

Shanghai International Metalsmithing & Jewelry Art Exhibition (2014)

Beijing International Jewelry Art Exhibition (2015)

Shanghai International Jewelry Fair (2016)

缠　系列

胸针　925 银、流苏、珍珠
6.5cm×4cm×5cm　2016

> 作品创作以鱼鳞材料研究为开端，进而结合自身的经历展开深入探索。将鱼鳞着金属色泽，通过缝纫、重叠、填充等方法连接。金属颜色是对鱼身上的鳞片闪着耀眼光芒的片刻记忆，圆形或是椭圆形的外框和密集交错的金属丝像是触角却又被禁锢，就像鱼被网住。内部鱼鳞一层一层的环绕也是如同自己内心一般，生活中我们就好像渔网中挣扎的鱼，充满着希望与梦想，却常常被现实打回原形。

The creation of works begins with the research on fish-scale materials and then combines with personal experiences for further exploration. The fish-scale materials are coated to show metallic luster and connected by sewing, overlapping, filling, etc. Metallic luster symbolizes glistening scales. Round or ellipse frame and interlaced metal wires look like bound tentacles, symbolizing netted fish. Inner scales surround each other layer by layer, which just like our emotion. Actually, we are still be defeated by reality again and again like a fish struggling in a net, despite holding hope and dream.

鳞　系列之一

摆件　鱼鳞、925银、丝线　5cm×5cm×4.5cm　2015

鳞　系列之二

胸针　鱼鳞、925银、丝线　5cm×5cm×4.5cm　2015

章程
Zhang Cheng

上海大学美术学院首饰专业 2015 级研究生

2007 年至 2011 年就读于上海大学影视学院广告学专业，获得文学学士学位。2015 年考入上海大学美术学院，师从郭新老师攻读都市手工艺首饰专业硕士学位。

作品参展：上海国际珠宝首饰展览会 (2016)

2007-2011 Undergraduate of School of Film and TV Art & Technology, Shanghai University. Major in Advertising. 2015-Now Study in Fine Arts College, Shanghai University. Major in Contemporary Jewelry. Tutor is Shannon Guo.Now she is working for her master degree.

Her works have been shown in Shanghai International Jewelry Fair (2016).

愉悦·花

吊坠　纯银　5cm×5cm×5cm　2016

我的作品主要使用银花丝作为创作元素。花丝是中国传统工艺美术技艺中的经典工艺之一，我为花丝繁复却精巧的变化所折服。试图将其与当代都市文化相结合，创作更符合当代城市人所喜爱的首饰。

My most works are created by sliver filigree. Filigree is one of Chinese traditional craft techniques. I am fascinated by this technique, which is complicated and detailed. In my works, I tried to combine this traditional technique with modern culture, to create jewelry both with traditional and modern culture.

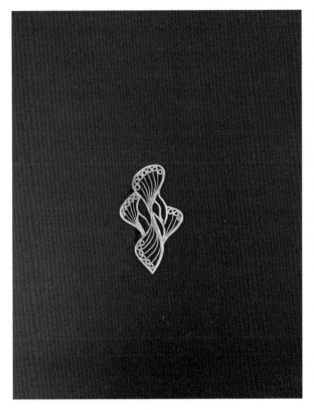

白

吊坠　纯银花丝　3cm×4cm×4.5cm　2016

海韵

吊坠　纯银花丝　6cm×5cm×2cm　2016

李绪红
Li Xuhong

首饰工作室 2007 年进修生

1989 年毕业于中央工艺美术学院金属工艺专业，2007—2009 年在上海大学美术学院金工与首饰工作室研修。任教于上海工艺美术职业学院工艺时尚与工艺金属工艺专业，任上海工艺美术学会理事兼金属工艺专业委员会主任、上海市工业设计协会理事兼首饰专委会副主任。

参加主要展览：第一届上海当代工艺美术展（2007）、第三届中国现代手工艺术学院展 (2008) 首届当代首饰艺术邀请展（2011）、"江、浙、沪、台"两岸四地手工艺精品展（2012）、韩国清洲国际手工艺双年展 (2015)、首届两岸（双城）青年文创设计师联展暨论坛（2016）。

Li Xuhong graduated from Central Academy of Craft Art in 1989, majoring in Metal Crafts. She researched and studied in the jewelry and metals studio of the College of Fine Arts of Shanghai University from 2007 to 2009.

Now, she teaches at School of Fashion and Craft in Shanghai Art & Design Academy. Besides, she is the director-general of Shanghai Arts & Crafts Association and the director of Metal Crafts Committee. She also serves as the director-general of Shanghai Industrial Design Association and the vice director of Jewelry Committee.

Main Exhibition Experiences:

The 1st Shanghai Contemporary Arts and Crafts Exhibition (2007)

The 3rd China Modern Handmade Arts Exhibition (2008)

The 1st Contemporary Jewelry Art Invitational Exhibition (2011)

"Jiangsu, Zhejiang, Shanghai and Taiwan" Handmade Crafts Exhibition (2012)

2015 Cheongju International Craft Biennale (2015)

The 1st Young Cultural and Creative Designers Joint Exhibition and Forum (2016)

" 色彩、造型、肌理、韵律、感受，在我纯粹的艺术空间里互相交织，共同生长，最终结出的果实，便是真我。 "

Color, shape, texture, rhythm, feeling. They intertwined in my pure artistic space and grew together, Eventually, they will bear the fruit which is the real me.

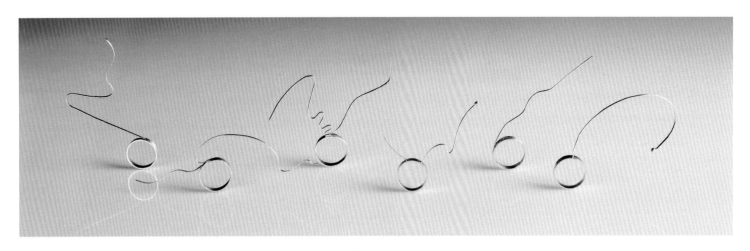

放飞心灵 1

戒指　925 银　5cm×1cm×6cm　2009

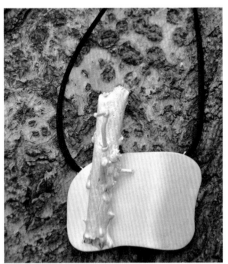

枯枝

项链　925 银、纯银　6cm×3cm×7cm　2010

放飞心灵 2

项链　925 银、纯银　30cm×1cm×20cm　2009

干果

吊坠　925 银、纯银　5cm×1cm×6cm　2010

张雯迪
Zhang Wendi

首饰工作室 2007 年进修生
东北师范大学人文学院视觉传达系首饰设计工作室副教授

毕业于东北师范大学美术学院设计艺术学专业，硕士学位。2003—2007 年，就读于吉林艺术学院现代传媒学院。2006—2007 年，先后在中央美术学院设计学院首饰设计工作室和上海大学美术学院首饰工作室进修。2007 年调至东北师大人文学院艺术学院首饰设计工作室工作。

主要成果：2009 年，首饰作品《印·记》入选第十一届全国美展，同时作品被收入《第十一届全国美展作品集》；2013 年，论文《首饰设计中的图像阐述——从艺术创作的角度试读首饰的精神属性》，发表于 CSSCI 期刊《美术研究》；2016 年，首饰作品《视错》系列受邀参加 Sacramento Artspace 1616 中美艺术家四人联展（美国）；2016 年，张雯迪 KOSA Space Gallery 韩国首饰个展在韩国首尔举行。

Zhang Wendi graduated from Northeast Normal University and received her MFA degree in Art of Design. She worked at School of Modern Media of Jilin Academy of Arts from 2003 to2007. From 2006 to 2007, she did her advanced studies at Studio of Jewelry Design in School of Design of China Central Academy of Fine Arts first, and later at Studio of Jewelry of Academy of Fine Arts of Shanghai University. Since 2007, she has been transferred to Studio of Jewelry Design of School of Arts of College of Humanities & Sciences of Northeast Normal University and worked as an associate professor.

Main achievements:
Jewelry work "Mark" ranked the selected works in The 11th National Fine Arts Exhibition (2009)，Essay "Image Reading in the Jewelry Design — Reading Jewelry's Spiritual, Nature from the Art Creating Perspective" was published in "Fine Arts, Research" (2013). Jewelry work "Phantom" Series were shown in "Sacramento Artspace 1616 China-U.S. Joint Exhibition" in US. "Zhang Wendi Jewelry Solo Exhibition" was held in KOSA Space Gallery, South Korea in 2016.

现代首饰艺术，作为现代艺术的重要组成部分，在创作中，其外部形态和内涵与传统首饰都发生了质的改变。它抛弃了传统首饰设计中的功利概念，获得了更大、更自由的表现空间。作为文化载体，它抛弃了传统材料自身的价值性。反之，在创作中对自然、社会、历史、生活等视角的关注，重视作品的思想性、寓意性是现代首饰艺术鲜明的特征。

Modern jewelry art is an important part of modern art. Its appearance and connotation have made a great change compared with traditional jewelry art. It withdrew the utilities from the tradition jewelries, yet gained greater and freer space for expression. As a cultural carrier, modern jewelry art has abandoned the value of traditional materials. Conversely, one specialty of modern jewelry art is its attention to nature, society, history, and life during the process of producing. Another speciality of modern jewelry art is its ideology and moral value behide the works.

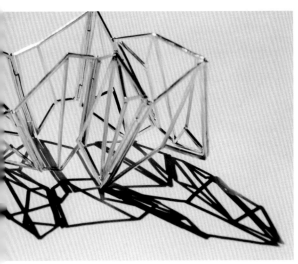

视错

手镯　925 银　10cm×8cm×2.5cm　2015—2016

视错 1

项链　925 银　48cm×7cm×1.3cm　2015—2016

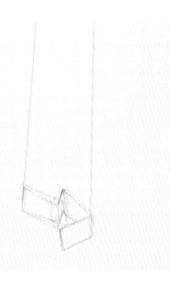

视错 2

项链　925 银　52cm×8cm×1.5cm　2015—2016

张莉君
Zhang Lijun

首饰工作室 2007 年进修生
苏州工艺美术职业技术学院首饰设计与制作专业副教授、
天工拾萃珠宝首饰公司创始人

2002 年毕业于苏州大学美术教育专业，获得文学学士学位。2007 年毕业于苏州大学艺术学院获得文学
硕士学位。2006 年至今任教于苏州工艺美术职业技术学院首饰设计与制作专业，2015 年任手工艺学院
副教授，上海首饰设计协会理事。2004 年创办张莉君珠宝首饰工作室。2016 年创办天工拾萃珠宝首饰公司。

Graduated from the Suzhou University in 2002, and graduated from Suzhou University in 2007 with the master
degree。Since 2006, She has taught at the Suzhou Institute of Arts and Crafts. She is an Associate Professor of the
Handicraft Institute in 2015 and a Director of the Shanghai Jewelry Design Association. In 2004 founded Zhang Lijun
jewelry studio. 2016 founded "TianGongshicui" jewelry company.

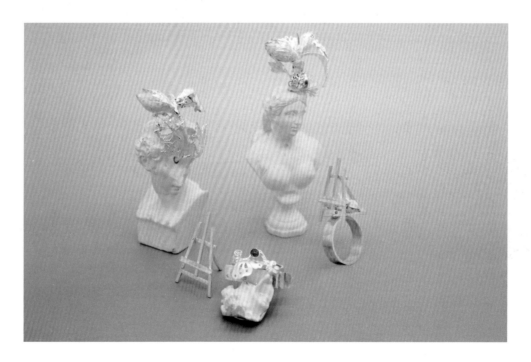

十七岁那年的雨季

石膏、银　5cm×10cm　2011

66 中国风是我一直想要表达的东西，运用传统的元素，利用新材质去体现中国情感内涵，让人们用内心来解读你的设计意图。99

Chinese style is what I've been trying to say, the use of traditional elements, the use of new material to reflect the emotional connotation of China, for people to use to interpret your design intent.

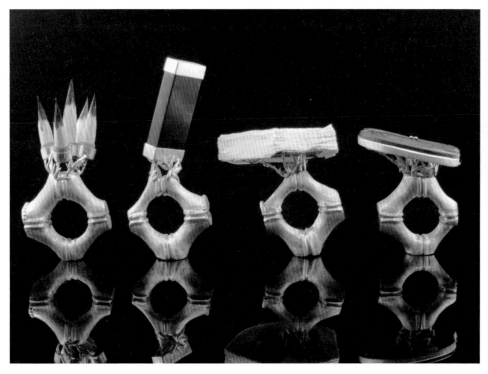

文房四宝

银、纸、毛笔、砚台、墨　6cm×7cm　2010

红袖

银、树脂　10cm×8cm×2.5cm　2015—2016

宁晓莉
Ning XiaoLi

首饰工作室 2007 年进修生
杭州师范人学美术学院设计系珠宝首饰金工工作室讲师

2005 毕业于中国美术学院陶艺系，2005—2008 就读于中国美术学院陶艺系攻读硕士学位，2007 年在上海大学美术学院进修金工。现任职于杭州师范大学美术学院设计系首饰设计工作室。

作品主要获奖情况：第八届中国陶瓷艺术创新展《水之彩》系列陶瓷首饰获"金奖"（2006），第十届全国美展《浮红》系列瓷银首饰获"入选奖"（2009），第十二届浙江省美展《褪红》系列瓷银首饰获"优秀奖"（2009），第九届中国陶瓷艺术创新展《褪红》系列陶瓷首饰获"金奖"（2010），"互动 创新"2011 国际金属艺术展获"最佳设计奖"（2011），《吟》系列作品入选全国美展"入选奖"（2014），第十届中国陶瓷艺术创新展《吟》系列作品获"铜奖"（2014），作品《娥寒》被山东博物馆收藏（2015），作品《娥寒》被中国美术学院民艺博物馆收藏（2015）。

Ning Xiaoli studied at Ceramic Art Faculty of China Academy of Art from 2001 to 2005, and earned her master's degree at the same college in 2008, then she was engaged in advanced studies in metalworking from 2007 to 2008 in the Academy of Fine Arts of Shanghai University. She is now working at the Jewelry Design Studio, Department of Design, Fine Arts School of Hangzhou Normal University.

Exhibition Experiences:

"Water Color" series of ceramic jewelry got the "Gold Award" at the Eighth of China Ceramic Art Innovation Exhibition (2006)

"Floating Red" series of porcelain silver jewelry got the "Selected Prize" at the 10th of National Art Exhibition (2009)

"Faded Red" series of porcelain silver jewelry got the "Excellence Award" at the 12th Zhejiang Province Art Exhibition (2009)

"Faded Red" series of ceramic jewelry got the "Gold Award" at the 9th of China Ceramic Art Innovation Exhibition (2010), and got the "Best Design Award" at the "Interaction & Innovation" International Metal Art Exhibition (2011)

"Yin" series of works won the "Selected Prize" at the National Art Exhibition (2014)

"Yin" series of works got the "Bronze Award" at the Tenth of China Ceramic Art Exhibition (2014)

Work "Moths Cold" was collected by Shandong Museum in 2015, and was also collected by Folk Art Museum of China Academy of Art.

> 以花卉的形式来表现生命的过程，以梅兰竹菊为原形进行创作。希望我的作品在佩戴的时候，所散发出的人文情怀，能让在当下社会中匆忙的我们停下脚步，一起呼吸，一起吟诗。 ""

I use the form of flowers as well as the plum blossom, orchid, bamboo and chrysanthemum to show the process of life in the original creation. I hope that the humanistic feelings of my works can get people to take a break and enjoy poetry in such a busy world.

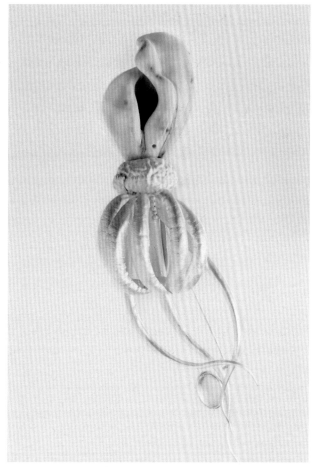

吟 1

吟 2

吟 3

胸针　陶瓷、纯银、水磨石　8cm×4cm×3cm　2014

胸针　陶瓷、纯银、水磨石　8cm×4cm×3cm　2014

胸针　陶瓷、纯银、水磨石　7cm×3cm×3cm　2014

窦艳
Dou Yan

首饰工作室 2008 年进修生
广东技术师范学院天河学院珠宝首饰设计专业讲师

2015 年毕业于湖南大学，获得硕士学位。2008 年在上海大学美术学院金工首饰工作室进修学习，于 2010 年在广东技术师范学院天河学院独立完成首饰工作室建设并担任负责人。目前就任于广州番禺职业技术学院珠宝学院，担任首饰设计专业教师。2015 年创办 J&D 珠宝首饰品牌并组建首饰工作室。

参加主要展览：

当代国际金属艺术作品展（2009）、第四届中国现代手工艺展（2009）；瞻·前·瞻首饰作品展（2010）；广东省民间工艺精品展（2012）；广东省首届美术与设计教师作品双年展并获优秀奖（2014）；北京国际首饰艺术双年展（2015）；深圳优秀青年首饰艺术邀请展（2016）；广东省高校设计作品学院奖双年展（2016）。

Graduated from Hunan University in 2015, received a master's degree.2008 in the Shanghai University of Fine Arts Institute of metal jewelry studios for further study.In 2010 in Guangdong Technical Teachers College Tianhe College independent completion of jewelry studio construction and served as the person in charge.Currently in Guangzhou Panyu Polytechnic School of jewelry, as jewelry design professional teachers.In 2015 founded J & D jewelry brand and set up jewelry studio.

Exhibition Experiences:

International Contemporary Art Exhibition of Metal (2009)

The 4th Chinese Modern Arts and Crafts Exhibition (2009)

MELD: STUDIO 115 Jewelry & Metals Exhibition (2012)

Guangdong Folk Arts and Crafts Exhibition (2014)

The 1st Biennial of Art and Design Teacher and Works Excellence Award (2015) Beijing International Jewelry Art Biennial (2016)

Shenzhen Outstanding Young Jewelry Art Exhibition (2016)

Biennale of Guangdong College of Design Works (2016)

首饰是无比曼妙的东西。感谢上天让我选择去做这一件美好的事情。冥冥之中非要做的这件事情是什么也无法阻拦、无法改变的。一直继续下去，盼望有天成为想要成为的那种人。

Jewelry is very graceful thing. Thank God for letting me do such a good thing. Nothing can stop me from doing so. I will continue definitely, hoping one day to become the kind of person I want to be.

未知的

胸针　铜镀银
6cm×8cm×1cm　2015

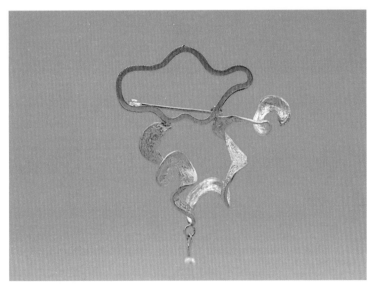

常思念

胸针　925银、纯银、珍珠　4.5cm×6.5cm×0.8cm　2016

成长

摆件　紫铜　10cm×9cm×0.9cm　2009

研讨会篇

海上十年

上海大学美术学院首饰工作室
研究生教学回顾展研讨会

时间：2016 年 9 月 24 日
地点：上海工艺美术博物馆会议室

主题：海上十年——上海大学美术学院首饰工作室研究生教学回顾展研讨会
时间：2016年9月24日，下午1点半至3点
地点：上海工艺美术博物馆会议室

郭　新：

这次研讨会的议题是"首饰教学与行业发展"。上海大学美术学院从2003年开始建这个专业，2006年招研究生，到现在招了十年。像之前我在开幕式上说的，毕业的大部分学生都进了高校。课程的配置也好，或者是给他们大部分上课的内容，基本上是培养他们将来能够胜任做学校的老师。所以过了七八年以后，我发现现在高校里面基本上是一个萝卜一个坑，差不多这个专业的院校都已经有了足够的师资。那么后来毕业的学生，当然也不是说每个人都适合做老师，或者说都想要做老师。所以我发现最近两三年可能大家和我一样，发现行业在发展，行业给学生们发展的空间也更大了，不一定要到学校里做老师，比如有一些学生就开始做自己的工作室，我相信你们自己的学生也有这样的。那我们就在想，我们自己的教学应该有哪些改变？在专业的配置上有哪些需要调整的地方？我也想听听各位的意见，各位都是在各个学校里面做领导的，都是有多年教学经验的，我想听听大家对这个主题的看法。希望大家不要拘谨，能够畅所欲言。

汪正虹：

各位老师、各位同学，首饰界的朋友们，下午好！首先，我非常荣幸能够代表中国美术学院受邀参加此次名为"海上十年——上海大学美术学院首饰工作室研究生教学回顾展"的开幕式和研讨会。十年来，郭新老师以生命影响生命的教育方式，将中国传统文化与西方现代思维相结合，鼓励原创性和实践精神，先后培养了一批首饰专业优秀人才，我对她在首饰艺术教育领域内做出的贡献表示由衷的敬佩！

2003年，郭新老师在上海大学美术学院建立首饰专业，她怀着对祖国和教育事业的热爱潜心钻研，不仅是文化的传播者，也是当代首饰的先锋和开拓者。我们需要学习她无私奉献，待学生如家人般的精神。谈到中国美术学院和上大美院之间的渊源可以追溯到上世纪末和这个世纪初。2009年以后，上大美院和中国美术学院由于首饰专业的建立，将我和郭新老师之间的距离相对来说拉得更近了。

在相互学习和交流，特别是对优秀人才培养这一块，也可以说是我们师资的一个分享。今天早上在开幕式的时候，郭老师特别提到，我们在输送本科生给郭老师的时候，我们其实不仅拉近了学术交流的距离，也是我们资源的一种分享。只有懂得分享，才能带动整个学科的发展，把国际上最前沿的当代首饰艺术分享给在座的各位，让艺术走进生活，这是我们教育人应该承担的职责。

最后，祝愿上海大学美术学院首饰工作室走得更好！谢谢大家！

郭　新：

我们不但是同行，也是好朋友，我们很多时候不仅仅是在谈专业，而是在谈生活，谈生活中互相交叉的那一部分。我觉得我们的艺术家应该是一个整全的艺术家，有一个整全的人生。所以我们其实跟很多在座的都不仅仅是同行，而且是朋友关系。谢谢正红。

王春刚：

很高兴能够来这参加这个活动，很荣幸，祝贺你们！从事教育多年，和郭老师接触了很多，郭老师的26个学生太优秀了，我很佩服郭老师。郭老师在美国学习之后回国很早，一下带动了中国的首饰教育，把西方的一些文化以及思想传给中国的一批人，我觉得很棒。说实话，我觉得我们整个国内的圈子非常抱团，很团结。我们可以看到大家都在做，大家在各个学校里面，不管是从事教育还是不断研究，搞了很多的活动，做了很多的展览。我们在不断长大，我们骨子里都是中国人，怎么去折腾还是中国的理念，大家都说我们的东西太西方，其实不像的，我们就是我们自己。我看到郭老师带的所有学生都是不一样的，都有自己的语言，我觉

得这是非常成功的。郭老师说"我的学生如果谁像我，就是失败"，是这样的，其实我们做老师都是这样的。我们不希望学生像我们自己，尤其是研究生一定要有自己的研究方向，三年下来以后一定要找到属于自己的语言，这是我们需要学习的。

G20 的项目做完以后，我自己有一种感觉，我们都是艺术家。

郭　新：

这次 G20 各国夫人们戴的胸针就是黄老师设计的。

王春刚：

感谢这次机会。我们都是做艺术家的或者做老师的，因为我自己喜欢艺术、喜欢收藏，我就发现国际上很多大师也做一些版画，我去研究版画的那个时代只有中产阶级、中下层阶级才去购买，这种原作都是买不起的。那么我们的作品也是一样的，我们有的当代首饰只有一件，我们完成一件，想卖出去其实也舍不得，像自己的孩子一样，舍不得。但是我们可以把它稍微改变一下还是有艺术性，我就做一百件或者两百件，就是限量的，但是同样有很高的艺术价值，价格同样可以卖得合理，这样的话你作品拿到以后，两百人在国内有你的作品，当你的作品碰撞到他的身体以后，他会感动，就是这样一个小小的感觉。

汪正虹：

商业和教学在我们学院应该怎么样走下去？我觉得郭老师这十年也特别不容易。这十年当中，郭老师肯定也碰到了很多的诱惑和困难，我特别佩服的一点是郭老师一直在坚守这个阵地。

郭　新：

我当年在上大美院建工作室的时候，其实也有上海牌子更大的学校请我去，但是我没有去，我觉得上大美院建立的专业是我的理想，因为它毕竟是要以学术来带动其他。我觉得在学术的坚守里面，主要是要有自己的这种信念才能够坚守下去。我们如果不是有学术的坚持的话，就没有必要在这里花那么多精力。

汪正虹：

我觉得也是一种情怀，一种对艺术的情怀，我们的工资非常低，我们好可怜。

龚世俊：

刚才说首饰老师的工资很低，其实整个大学的老师工资都很低，说实在的，大学老师的职业现在在社会上，如果没有坚守的话就没法成为一个好老师。你作为老师，你的收入跟你所付出的相比要少得多。如果没有对这个专业或者对职业的敬爱或者是热爱的话，老师现在真的不是一个好职业，如果同学们或者谁觉得自己不适合做学术，或者不适合做老师，那干脆我觉得也未必一定要去做老师，这是实在话。

我们大学自己的定位是非常重要的，首先在这里先祝贺一下郭老师的这"十年"非常成功，为社会、为我们学校输送、培养了再下一代的老师，非常感谢。还有我觉得这十年，其实郭老师经过这一段时间，正好是我们首饰填补了西方现代潮流在中国趋势的阶段，因为我们正好经历了"文革"，很长时间跟欧洲不接轨。郭老师从美国回来之后把这一段补上了，你们在座的各位把我们这一段缺失的东西给补了上去。所以我可以这样讲，开了一个很好的局，现在是"十年"，后面再"十年"，我们要看郭老师培养的后面年轻的一代，还有再年轻一代的老师。我们现在看到的是很可喜的局面，就是现在已经有那么多的老师了，那就不愁后面专业的发展、建设，这其实是非常令人高兴的事。

一个大学有像郭老师所建的这样的工作室，它其实在做一个学术的高度。而且在这个学术的高度，那个首饰工作室尽可能对首饰的理解、对首饰材料的拓展或者所有的包括造型的可能性做了尝试、探索，那么这"十年"当中也是很辉煌、令人开心并且感到非常激动的。我的发言结束，谢谢大家！

黄晓望：

教育也好，学术也好，商业也好，其实是分两部分东西来做。先讲学术的。我觉得学术是自己的追求，如果说学术的追求是你纯粹做给别人看的，那是没必要的。你的创作是通过自己的思考，不同的文化背景下来思考自己的作品是什么样子的，我觉得学术是这样子的，至于别人对你怎么看并不重要。

教育方面，你要培养学生，这些学生将来干什么才是你要思考的事情。这个学生在你课堂上用短短几年时间奠定一个基础，未来追求他所要渴求的东西。我觉得这样的教学应该是开放式的，每个人的特点不一样，能从课堂当中吸收到的东西也不一样。俗话说："师傅领进门，修行看个人"，这个不是你所能控制的。在学校这里面一段时间，我能给学生什么样的方法、他树立起怎么样的世界观，以及一些正能量，比如如何去协同合作、怎么来看待问题等，这是很重要的。

谷　明：

我那个时候回来，我本科是在南京艺术学院读的艺术设计系，也是机缘巧合我本来读室内的，因为那个时候室内还有景观课都被选完了，就剩下一堆手工艺的课，然后就修了一堆的手工艺，后来发现自己爱上手工艺。郑老师和王老师带的我们首饰，最后毕业的时候以首饰毕业的。2011 年毕业之后，2012 年在伯明翰读了一年的当代首饰，回来之后还是有一点迷茫，其实对商业首饰这一块自己掌握的知识是很不够的。有一次我 2012 年回来，2013 年郭老师举办第一次首饰沙龙，认识了郭老师，我其实不是郭老师的嫡系学生，但是我是郭老师在外面寄养的学生，她对我的爱一点都没有少，不管从精神上或者各方面都给我指导性的支持。我现在做的事情是当代首饰的平台，我自己在创业，已经做了三四年的画廊，郭老师做画廊的动力支撑着我，更多是情怀，我相信只要坚守住自己的情怀。慢慢在这个过程当中，上帝会给你一些回馈，只要你走过去最艰难的那一段，慢慢都会好起来。

倪献鸥：

我也很感谢郭老师。我留学时间比较早，大概 2004 年到英国去的，后来在美院当老师，我在外面也做独立设计这一块，所以我跟上海的联系很多。郭老师的画廊有很多学生，我跟她的学生也是很好的朋友，我们经常在一起做活动，郭老师不时带上我。我觉得郭老师她是非常宽容的，包容性很强的，我自己有切身感受到，所以我真的是要感谢郭老师给了我一些帮助。

我出国以后才学的首饰设计，我是 2010 年的时候回来的，我在英国做了几年独立设计师。后来回到国内一片空白，根本不知道国内发生什么状况。所以慢慢在这边，我就有一些机会融入到中国社会，郭老师这个平台也是很好的平台，让我有机会接触到国内当代首饰这一块。这几年我一直在保持自己做独立设计师。

我觉得一个前提就是反正我能够维持我工作室的收支平衡那就 OK 了，然后我还有机会再做我的创作，因为对我来说，创作是我非常喜欢的事情，我觉得这个是没有年龄限制的，到了 50 岁、60 岁，如果自己喜欢还是可以继续创作，只要你有这么一份心。

郭　新：

信念、情怀。

朱　珺：

我可能是在座为数不多的不是你们这个专业的，我有很值得骄傲的两位同事今天参与这个活动，所以我觉得下午我也有必要留下来听一听在这个圈子里面大家现在过得好吗？

尽管你们一直在说很艰难、很艰辛，其实从我一个圈外人看来大家还挺开心的，就是很有幸福感。我们要手拉手，要坚持，要坚强，我们一直在说这些。其实我觉得你们都很快活，生活也并没有很艰辛，可能每一个圈子的人都会说自己的专业很艰难，包括我做平面的我也会说自己很艰难。

宁晓莉：

我们是吐口血，喝口酒。

朱　珺：

都一样艰辛，面对的市场、面对的客户、面对的境遇都不一样，行业风水轮流转，这个跟时代的发展是有关系的，所以静下心来做自己的事情是很重要的。

李绪红：

我是郭老师的学生。郭老师给我发计划，很清晰的两年计划，我就非常感动，完全是严格训练。毕业的时候，按道理两年以后应该走了，我还没走，我又待了半年，这点是我非常感激郭老师的。我还是挺喜欢待在这儿的，这儿的环境比较民主、自由，还有就是艺术氛围特别好。

经过这几年学习以后，我自己来创作首饰。我感觉到美好的形、色、事，包括一些文化的东西，我把自然中发现的一些美的东西进行创作，我是自由的，不是靠这个去赚钱。以后还要向郭老师请教，自己要在这个方向继续走下去。

郭　新：

今天的研讨会谢谢大家！我觉得研讨会开成这样才是真正的研讨会，大家都畅所欲言。今天意犹未尽，我们在学校里面还有一次展览，那个时候我再请大家来。特别感谢今天来的各位领导、各位老师、各位同学。其实我觉得这种活动我们应该更多一些才对，我期望不要说十年，十年太长了，至少我们的首饰设计师沙龙准备开始了，如果大家对首饰设计师沙龙感兴趣的话，可以找植文来报名，你们可以先留下自己的微信，到时候我们拉一个群进来，在上海也好，在杭州或者是南京或者是苏州，我们的江浙沪包邮，有地理的便利，所以我希望大家能够继续沟通。很多问题是可以继续探讨下去的，而且很多思想火花是在这种碰撞当中产生争论的，以后我们继续有这样的机会。不单在上海，我们可以去杭州，可以去南京，可以去苏州，因为每一个城市都有它的特点，那我们就轮流来办这个沙龙。

谢谢大家！

论文篇

简谈艺术首饰的观念

郭　新

这一部分的文字集合了首饰艺术工作室老师、学生们多年来对艺术首饰的理论探索的简单而初步的思考。在首饰专业研究生的教学中，除了创作实践，理论的研究同样重要。因为艺术首饰不单单是手艺和技术的学习、掌握以及提升，事实上理论研究是应该与创作实践相辅相成的学习方式。理论指导实践、实践印证理论研究。篇幅有限，但探讨仍待继续。此短文只为抛砖引玉，手工艺领域的理论研究向来比较缺失，当代艺术首饰专业更缺乏系统梳理、研究，后起更当努力耕耘，勤奋不怠。

其实想要说清楚什么是当代艺术首饰，并不是一件简单的事情。"当代艺术首饰"（contemporary art jewelry）同时亦被称为"概念首饰"（conceptual jewelry）、"当代首饰"（contemporary jewelry）、"现代首饰"（modern jewelry）、"工作室首饰"（studio jewelry）等，要理清楚这些概念之间的相同与不同，实非易事。

如何界定"当代首饰"这个概念，美国早期首饰艺术家菲利普·莫顿（Philip Morton）在他的《当代首饰》（Contemporary Jewelry）一书中写道："当代首饰是指那些反映出思想、造型和我们生活的世界之关系的首饰，它们的根基深深立足于现代艺术的传统之中。"莫顿的"当代"一词，在此显然不是单单指一种时间概念，而是一种具有现代感、当代审美，不同于传统风格、特色的另一种首饰艺术形式。这种首饰是具有思想性的，有精神内涵的，能反映出我们所处的时代、所生活的世界的各种关系的带有反思性的作品。所以他继续写道："对于大多数人来言，当代首饰看起来非常奇特，并不仅仅是因为它们比较抽象，而是因为它们的造型跟他们习以为常看惯了的、经常配戴的首饰非常不同。这些造型是从现代世界里转化来的，正如传统首饰是从过去的传统而来一样。"显然，当代首饰的概念受到工艺美术运动以及新艺术运动思潮的影响。尤其是威廉·莫里斯曾经提出的"让艺术家成为手艺人，让手艺人成为艺术家"的观念本身就模糊了艺术（纯艺，high art）与手工艺（crafts）的界限，事实上当代艺术首饰不但模糊了艺术与手工艺的概念，也模糊了艺术与设计

的概念。在这个特殊的领域里，艺术、手工艺、设计的概念是重叠的。从当代艺术首饰作品呈现的各种风格、面貌来看，我们很容易看到现、当代艺术中表现主义、极简主义、波普、达达主义、解构主义等流派对首饰艺术的影响之大。当然，正如看懂现代艺术本身是一门艺术不容易，那么看懂当代艺术首饰也不是非常容易的一件事情。通常来说，一般大众如果没有经过一定程度的艺术审美、艺术欣赏的教育，对于艺术总是会有种望而却步的感觉。当代艺术首饰虽然在西方已经发展了半个多世纪，对于普罗大众而言，至今仍然处于比较边缘、相对尴尬的局面，也就不足为奇了。更何况，艺术首饰在中国的发展不过十几年的时间，不要说普通大众对艺术首饰不了解、不理解，就是一般的艺术专业的教师、学生们对什么是艺术首饰也并不是非常理解。所以，这些理论和概念的梳理、讨论有利于我们自己更好地理解我们的创作，也可以更好地对外呈现这个看似神秘、实际上可以走进人们日常生活的艺术形式。

另一位著名的美国当代首饰艺术家 Susan Lwein 对于艺术首饰也有很好的系统性的研究。在她所著《今日美国首饰》（American Jewelry Today）一书中，就艺术首饰如何定义问题写道："传统意义上来说，首饰有诸多功能，如：显示地位、装饰身体、象征意义、与仪式、魔术相关的或纪念某种神圣或特殊日子的首饰。但是，艺术首饰与传统首饰不同的是，艺术首饰是艺术家采用不同材质作为自我'表现'（expression）的一种艺术媒介。'（艺术）表现'是最重要的目的。大多数艺术首饰的创作者认为自己是通过首饰这种媒介进行艺术创作的艺术家（jewelry artist，而非 jeweler）。"

如何将首饰艺术归类也是一个问题。在高校教育系统里，首饰归统于哪里是相当混乱的。有的归在手工艺学院（如果有此设置），有的在工艺美术系，有的在装饰系，有的在服装服饰专业……对于如何界定当代艺术首饰，更是因着理论研究的缺乏、评论的缺位，导致艺术首饰成为一个至今仍然没有被完全理解的边缘艺术门类，甚至成为艺术里的"二等公民"。在西方艺术理论界近

一个世纪的争论中，艺术首饰逐渐被了解、接纳成为艺术创作类，而不仅仅隶属于手艺类 (craft) 的学科，那么在中国被艺术界理解、被普罗大众了解并接受必然也会经历一个漫长的过程。所幸我们已经出发，并且有西方的前车之鉴，相信我们前面的道路会更顺畅一些。

再回到定义上面，似乎首饰的功能性成了一大障碍。因为举凡艺术，比如绘画、雕塑、版画等，都没有实用功能，而只具观赏价值，倘若首饰要登堂入室，就须去掉它的实用功能，于是有些人搞起了"纯概念首饰"，比如在脖颈上打上一束光影，或将一些金属构件埋进皮肤等。当然，从扩展、挑战、质疑首饰的概念或定义来说，这些作品都是有意义的实验，可假如首饰的功能性成为首饰作为艺术创作形式的一个障碍，去掉其功能性，以及对身体的装饰性难道就成为一个必要？！对此，著名家具设计师基塔诺·佩斯（Gaetano Pesce）争论道："如果一个物体承载着一个新的创意、一种新的技术语言或材料的新发现，同时还能满足于实用性的需求，我不认为把它看成纯艺术作品有什么问题。重点在于，它有没有激发思考、挑战既定观念、价值或引起思想的碰撞。"从这一点上来说，通常我们看到的传统的商业首饰多数都不具备这些特点。那些用贵重金属、宝石堆砌起来的首饰，虽然价值连城、光彩无比，但通常不会挑战人们去思考除了财富、价值、身份、地位等之外更多的有关人生、社会意义等的问题。难道达利设计的首饰，因为它们具有实用功能，就艺术价值而言，就想当然地认为它们低于他的绘画作品吗？假如商业首饰的价值一定要用材料的贵贱来决定，那么艺术首饰的价值应该是由其艺术性来决定的。正如我经常举的例子：国画大师齐白石的画，今天拍卖到上千万元一幅的高价，有没有哪一个买家曾经问过齐白石的国画作品的材料费是多少？倘若哪位买家或观众这样问，只能引起大家的嗤笑而已。我们会说这个人不懂艺术的价值。对于欣赏艺术首饰来说，这个角度应该同样适用。

谈到首饰的价值，首先大部分人关注的是制作首饰的材料是否稀有、贵重、保值，其次是它的工艺价值，做工好不好也是关键。这是人们习惯在传统观念里面去理解首饰。因为大部分传统意义上的首饰乃为财富的象征，是用贵重金属、宝石堆砌的"装饰品"。对于大部分的消费者而言，只要在贵重宝石的背面有一个结构去支撑，设计上美观、高雅、富丽堂皇就足以体现首饰的价值了。当然，材料是无罪的，不是说贵重的宝石就一定是庸俗的。不能

否认上百年的品牌如卡地亚、蒂凡尼、宝格丽有其独特的品牌形象和代表性的设计风格。这也是值得尊重的。但是否首饰，或者好的首饰只能是那样的？首饰的价值只能以材质来体现？假如首饰不是狭义的首饰，不再是人们用来炫富、显示地位、标榜身份的手段，那么它本身的存在意义何在？这就产生了一个奇怪的现象，纯艺术界认为首饰如果要成为艺术就需要去其"实用性"，而大众认为首饰如果不具实用佩戴功能或材料保值性就根本不是首饰。所以，首饰总是处在这个尴尬的争论中。事实上，当代艺术首饰的创作，在材料的选择上，往往是基于挑战这种既定的首饰的价值观，特意选择廉价的材料而制作的。因此，当代艺术首饰在材料上的创新和尝试不可谓不大胆，有时候甚至是惊世骇俗的。有人竟然用死老鼠、腐肉、内脏等材料进行"首饰"创作，将作品佩戴在身体上，从其佩戴的形式来看，我们又怎么能够拒绝称其为"首饰"呢？但显然，这些首饰并不是传统意义上为了显示人们财富、地位而存在。它们的存在，引起人们的不安、反感，甚至排斥，正如当代艺术作品中的一些令人震惊的作品一样。对于真正能够在历史上留下痕迹的艺术，震惊人们不应该是其创作的主要目的，但它们的出现，却往往使得习惯于现实和沉于安逸的人们警醒、直面现实中的某些残酷和真实，从而勇敢面对。这也是艺术的另一种意义所在。如果艺术所要体现的是真、善、美，那么"真"的里面，通常可能是直面人生、现实、社会的东西，那里有可能是丑陋的、黑暗的、残酷的、迷茫的……那里必定有一些让我们不安、让我们不愿直视现状、让我们不再麻木的东西逼得我们去直面人生。善，是艺术能够呈现出来的最温柔、恩慈的一面。而美，并不是粉饰太平，并不总是仅仅表面漂亮、好看的浅薄，而应该是带来精神的享受、思想的升华、生命更美好的盼望。这个现实的社会已经让我们无处躲藏，我们心中所期盼的、在现实世界当中永远无法满足或得到的，也许正好提醒我们，我们不是为了这个世界被造的，我们今天的存在，是为将来更美好的所在而做预备。如此，今天的痛苦，也就在短暂中显得容易承受一些。

所以，当人们观看当代艺术首饰，如果思维被挑战、想象被激发、盼望被点燃、生命被唤醒……我们就此赋予了首饰其存在的价值，而不是因为佩戴某些珠宝而感觉自己更有价值，那么，艺术首饰存在的意义就被体现了出来，我们这些创作的人，无论别人称呼我们什么，也就不那么重要了。而对于我们，重要的是我们坚持了，我们做了应该做的事情。

浅析个性化首饰定制

黄巍巍

五色音 （图1）

黄巍巍　定制胸针　碧玺、玛瑙　18K黄金　4cm×0.3cm×47cm

一、个性化首饰概念

什么是个性？《新华词典》对于这个词是这样解释的：个性就是一个人在一定的社会环境和教育的影响下所形成的比较固定的特性。具体表现在气质、性格、智力、意志、情感、兴趣、爱好等方面。在哲学范畴，指一事物区别于其他事物的个别的、特殊的性质。

对个性化首饰初步的概念，笔者的观点是在两部分对象中体现出个性化，第一是创作者，即艺术家或设计师；第二是受众者，即消费群体。首先作为个性化首饰，它本身就是艺术家或设计师以个人特质创作的作品，没有艺术家或设计师的个性，也称不上个

性化首饰。现在越来越多的国内外首饰设计师通过自身的创作理念，针对特定的消费群体，结合精湛的工艺，通过个人工作室、画廊、个性化首饰专卖店、网络等销售形式，满足消费者自我标志、装饰、身份、娱乐等不同心理需求。其次，针对消费者不同的年龄、性别等不同个性的体现，量身定做满足拥有与他人不同的个性化首饰，这种也称作个性化首饰定制。

结合这两点，笔者认为个性化首饰的概念是艺术家或设计师根据特定人群、地域、文化结合自己的创作理念创作出的具有明显个人风格的首饰。它的创作内容、形式、功能和材料的表现形式是丰富多彩的。它可以是艺术家或设计师在工作室里亲手制作完成

的一件作品，或少批量的商品，也可以是为个体量身定做的具有佩带和实用功能特性的首饰。（图1、图2为笔者为顾客设计的个性化首饰）

二、个性化首饰定制的市场需求

1. 个性化首饰定制在大型城市逐渐兴起
这些城市具有良好的经济基础，如上海、北京等城市。以上海为例，上海目前人均 GDP 超过 5000 美元，整个社会结构也呈现"橄榄形"，即高收入和低收入的群体均较少，而中等收入的人数量最多，上海中产阶层的消费模式，拉动着整个都市产业的升级，促进了商业的发展，更重要的是他们对时尚消费的追求，为时尚产业的发展带来了巨大的发展机遇。近几年，世界知名品牌纷纷进驻上海，国际时尚周、上海时尚节、上海电影节、国际时尚年会、国际时装博览会等一系列时尚盛会在上海的召开更给上海时尚消费市场带来蓬勃生机，上海已经是国内时尚的代名词，并仍以每年超过10％的高速发展成为一个现代化的时尚都市。她也是国内最大的珠宝销售市场之一。

2. 大型城市首饰行业对个性化首饰定制市场发展意识较强
随着经济的不断发展，人们的生活水平不断提高，追求高品质生活的人也越来越多，想拥有属于自己的独一无二的首饰的人也逐年增加。为了满足消费者的个性化需求，笔者了解到上海老凤祥有提供首饰定制服务，该公司还为首饰设计大师建立了首饰工作室，例如：为工艺美术大师陆莲莲女士建立了工作室。他们主要为高端的客户提供定制首饰服务，通常是几万元乃至几十万元的首饰。很多客户都是自己带宝石过来，请设计师量身设计、制作。这也要求设计师不仅要有设计创造力，还要针对不同的客户的特质去设计，创作出符合个人精神需求的个性化首饰。

3. 珠宝院校为培养定制个性化首饰人才提供了保障条件
北京有清华美院、北京服装学院、中国地质大学等首饰专业院校，上海有上海大学美术学院、上海视觉艺术学院、上海建桥学院、上海新桥学院等首饰专业院校。这些专业院校教师资源丰富，每年为首饰市场培育出众多首饰人才，有力地保障了个性化首饰定制的市场需求。

世外桃源 （图2）

黄巍巍　定制胸针　澳宝、托帕石、银镀金　5cm×6cm×0.7cm

三、个性化首饰定制案例

笔者2012成立了自己的珠宝设计工作室，对个性化首饰定制积累了一些经验。

1. 要了解顾客的职业、喜好等基本信息
笔者接待过一位金领阶层的中年女性，她需要对一款用中国传统线绳编织的铁龙生的翡翠吊坠（图3），做重新设计和制作。这位女性中等个子，穿着大方，脖子上佩戴一款异形珍珠与金丝绕线相结合的项链。在交谈过程中笔者又了解到她的喜好和忌讳等事宜。虽然这位顾客对重新设计制作和时间没有太多要求，但是从她的打扮、职业和喜好等背景的了解，笔者心里明白这位女性顾客实际是有一定鉴赏能力和设计要求的，必须以专业的态度认真对待。

2. 要凸显设计师和顾客两者的个性化特质
随后，笔者就思考如何把她提供的材料运用和设计好。首先想到的是这款原设计的形式不变，只做材料的改换，将所有线绳换成黄金和钻石，与绿色铁龙生翡翠相对应，也会显示出这款吊坠的豪华和时尚。但转念一想，这样不能充分体现出笔者作为一名首饰设计师的独特设计和她原有的个性需求。这个方案马上被否

定制前样式 （图3）

黄巍巍　毛衣链　翡翠、线绳　15cm×0.7cm×20cm

燕　定制后样式 （图4）

黄巍巍　定制吊坠　翡翠、钻石、18K 白金　6.5cm×0.7cm×7.5cm

定了。当笔者安静地坐在工作台前，再一次仔细端详原设计时，突然一个方案跳上心头：用她的名字设计一款与她本人相关的首饰。她的名中有个"燕"字，就从这个字着手。对这个"燕"字的设计笔者也思考很多，首先要避免让人一眼看出就是一个"燕"字，必须含蓄隐藏。其次，翡翠材料是华人特别喜欢的材料，具有中国特色，那么这个设计就要和中国特有的文化相结合。最后，设计中既要考虑传统文化，又要考虑到现代人的审美需求，不能

落入俗套。思路清晰后，笔者一下子就给她设计出了 20 多款不同的 "燕"字设计造型，特别巧的是，笔者原本并不想把她提供的翡翠材料全部用上，但这个"燕"字的设计恰好都用上了。最后，顾客在 20 多款设计图款中挑选了她最喜欢，也是笔者最满意的一款。

3. 要自信阐述设计师的创意设计

在整个设计图案的挑选过程中，笔者对顾客详尽地阐述了自己的创意设计思路，让她有信心接受笔者的意见和建议。笔者对她的整个 "燕"字，是这样思考设计的：中国首饰图案都有祝福寓意的。如：葡萄寓意多子多福，瓶子寓意平平安安等。笔者用顾客提供的原材料中的一个翡翠勒子作为"燕"字的第一笔画一横，整个头部部首设计成官帽的样子，寓意该顾客步步高升，并且翡翠勒子本来就是空心的，正好可以运用这个功能，作为吊坠穿绳或链子用。"口"字用翡翠平安扣表示，"口"两边的"北"字采用了如意花纹设计，底部的四点正好用上原翡翠平安扣。整个设计初看是一个漂亮的中国纹饰图案，仔细详解是个"燕"字，也寓意女顾客——"燕"步步高升、事事如意、平平安安。材料以绿色翡翠配钻石和 18K 白金制作，并配以黑色蚕丝绳。最后，当笔者把制作完成后的新吊坠呈现在女顾客面前时，她耐不住激动，爱不释手，夸赞："实物比设计图案还要棒！"并立马要求笔者帮她戴上，当时她的女儿也在场，看到后嚷着这款专属她妈妈的首饰将来一定要传给她。看着母女俩高兴的样子，笔者顿时感受到了作为一位设计师被承认和尊重的满足和幸福，也增强了笔者对首饰设计师这个职业的信心和责任感。一款独特的个性化首饰可以成为家族传承的纪念品，它是一件具有长久生命力的礼物。（图4）

四、结语

随着中国经济不断发展，对外交流越来越频繁，人们对自我个性的追求意识也越来越强烈，个性化首饰定制在中国市场的发展势在必行。设计师在从事个性化首饰定制时，一定要重视市场的需求，了解所针对的客户群的消费习惯和审美心理，创作出既忠实于自己的创意理念又能满足个体需求的的首饰作品，为丰富首饰定制市场领域贡献出自己的一份力量。

点线面元素在现代首饰艺术中的应用

袁文娟

现代首饰艺术是艺术家表达思想、表现自我的媒介。作为一种表现形式，首饰在材料上不再局限于传统的黄金、白银等贵重金属，一些非传统材料如玻璃、陶瓷、树脂和纤维等也被应用到首饰作品中。在功能性方面，首饰不再局限于它的保值性和装饰性，还注重首饰的精神内涵的表达。在造型方面，为了表现艺术家的思想和情感，也更为夸张和自由。

点线面元素在历代首饰的发展过程中非常常见，从西方的新艺术时期的代表勒内·拉力克的蜻蜓胸针，到中国明代的累丝镶宝的首饰，点线面元素的结合都非常的精彩。发展到今天，不少现代首饰艺术家们对点线面元素仍然情有独钟。

一、点与现代首饰

点是视觉元素中最小的单位。点的形态是相对的，点分几何形态和自然形态。常见的几何形态的点有长方形、正方形、三角形、圆形、菱形、梯形、扇形等。不同的造型传递出不一样的信息与情感，如圆形的轻松活泼，三角形的方向性，正方形的理性与秩序。而自然形态的点则千变万化，小到细胞，大到星球。

1. 圆形
圆形是点的最基本的形态。圆在几何学里是"到定点的距离等于定长的点的轨迹"。圆在空间存在形式上各部分统调配合，和谐完美，特点是"圆周无缺口"，连绵不断，周而复始，象征着统一性、整体性、唯一性。这恰恰与"永恒"或"完美"的概念相呼应，也就是说，"圆"意象表达的核心是"永恒"或"完美"。

我们赖以生存的地球是圆形，日复一日升起又落下的太阳是圆形，月亮每月逢农历十五都似一个圆盘高挂空中。日常生活中，有很多圆形之物，如轮胎、圆桌、足球和篮球等。圆没有起点和终点的，是无限循环的，符合中国传统思想中的中庸之道。

半圆，即圆的任意一条直径的两个端点把圆分成的两条弧，每一条弧都叫作半圆（semi-circle）。即使在同一圆心上切割出来的半圆也都可能形状各异，犹如在同一集体中的不同个体，有高矮胖瘦之分，以及黄、白、黑肤色之别。而这也是《合·和》项饰要表达的思想：有差异性的不同事物的统一和共存。整件作品由 18 个不同的圆组成，而这 18 个圆都是由两个不同的半圆通过不同的方式组合而成，就如一个集体中的不同的个体，即"和而不同"，也象征着和谐。

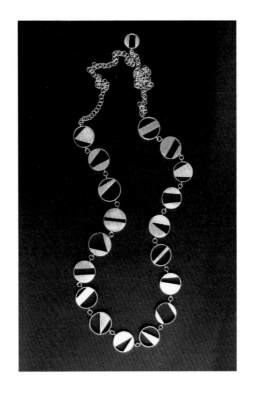

合·和

袁文娟　项饰　925 银　2.5cm×0.3cm×70cm　2008

2. 正方形

正方形有四条均等的边和四个直角，非常理性，有秩序和曲直分明。《格窗》系列是应用正方形结合传统花窗的造型创作的系列项饰，作品非常的简约，但又有很强的装饰性。作品中"万字符"及其他形式的表达，是由江南园林中的格窗样式简化而成的，将"吉祥如意"等美好愿望寄于其中，也是对中国传统格窗的诠释。

作品《1941—1944》也是应用正方形语言创作的一件项饰。作品取材于二战期间犹太人被屠杀这一历史背景，并应用纳粹符号"卐"的象征性创作的一件艺术首饰。整件作品由两个部分组成：16个银质相框和"卐"字符号，中间由一段看似绞链的项链连接。其中的16个银质正方形的相框，是用有机玻璃镶嵌着黑白照片，照片中的人都是在二战中受纳粹迫害的犹太人，相框上则刻有这些遇害的犹太人的名字和时间。在这么严酷的社会环境中，这些犹太人仍然坚强地活着，有的脸上流露着灿烂的微笑。作品是对

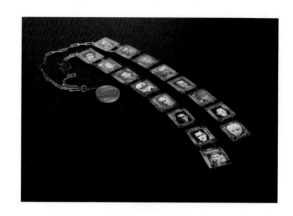

1941—1944

袁文娟　项饰　银、照片、有机玻璃　3cm×0.4cm×80cm　2008

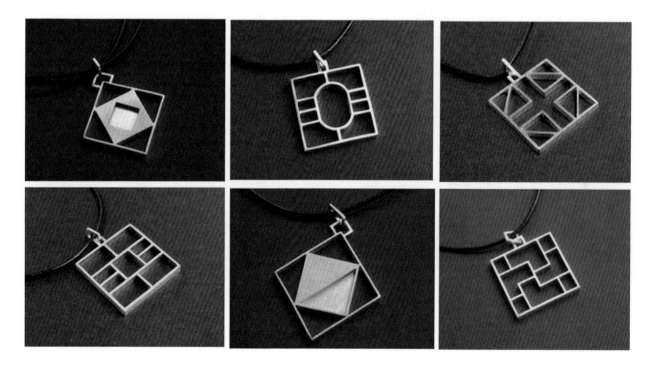

格窗　系列

袁文娟　项饰　925银　35cm×3cm×35cm　2008

二战中受迫害的犹太人的缅怀，并希望这种灾害不再发生，让过去成为过去，让历史不再重演。

二、线与现代首饰

线是点运动的轨迹。线可分为直线、曲线和折线等。线可以是实线，也可以是断续的虚线。直线使人感觉安静、秩序、平和、单纯；曲线让人感觉自由、随意、流畅和优雅。很多现代首饰艺术家应用线的曲直、长短、粗细，创造出千变万化的造型。

金属编织是应用线来造型的典型工艺。艺术家应用黄金丝或银丝在指尖缠绕，塑造出各种各样的二维或三维造型。Mary Lee Hu 的《Bracelet#61》就是应用细的 22K 黄金丝编织出非常紧凑的、规则的面，加上粗的曲线框架结构，整个手镯有收有放，有松有紧，有曲有直，对比强烈。

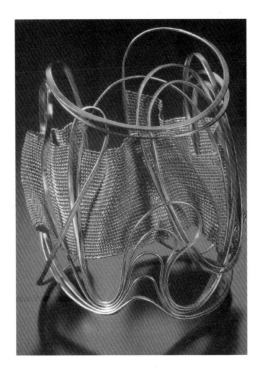

Bracelet #61

Mary Lee Hu　18K 黄金、22K 黄金　9.5cm×7.6cm×7.6cm　2001

三、面与现代首饰

线的移动则形成面。充实、稳定和整体是面的特征。面可以分为规则和不规则两种形式，规则的面有对称、重复、渐变的形式，令人产生和谐、规整、秩序的视觉效果。不规则的面有对比、自由的形式，在空间上令人产生动感、韵律的视觉效果。

Teresa Faris 的作品里经常是用规则的面和不规则的面结合。他的作品经常会出现一些被小鸟啄食过的木块，经过上色，与规则的金属材质结合。比如胸针《Collaboration with a Bird Ⅱ #3》就是应用圆形的金属镶嵌不规则的、五颜六色的小木块，与木块连接的部分金属也做了不规则形的镂空，这样，规则的金属外形和不规则的木头，以及一虚一实的不规则造型形成了鲜明的对比。

Collaboration with a Bird Ⅱ #3

Teresa Faris　银、木　7.6cm×10.1cm×2.54cm　2010

点线面是设计中不可缺少的部分，是最常用的设计语言，所有的首饰作品通过解析都可以归纳为点线面元素的有序结合。现代首饰艺术的创作，离不开点线面构成元素的运用，离不开它们之间相互关系的协调统一。通过对点线面在首饰中构成关系的研究与处理，可丰富首饰艺术语言，加强作品的形式美，提升作品的审美价值与内涵。

海上十年——艺术内外

吕中泉

十年匆匆。借《海上十年——上海大学美术学院首饰工作室研究生教学展》对自己专业研究路径做次总结，以做为下一个阶段的研究起点。

在学习金属艺术专业之前一直觉得金属和陶瓷、漆艺、玻璃都只是艺术表现的一种材料，在艺术表现中有着多种共性。但是在进行专业学习之后才发现，金属材料不仅在可用种类和材料属性上多种多样，在加工工艺上也既有着传统的加工方法，又有一整套完整的现代加工方式。加之对艺术概念的理解需要不断深入，而使整体学习内容异常庞杂。在金属艺术的道路上该怎样选择、前行，就成为笔者在上大美院读研究生期间必须要面对的重要问题。主观上随着年龄的增长，面对大尺度金属造型所付出的辛劳渐感吃力，客观上在金属材料细节处理方面经验的积累逐渐让笔者认识到理性把握细节的重要性。笔者把自己的研究方向逐渐调整为手工锤揲金属器皿的研究，并在造型当代化的方向里找到了意境表现这一传统美学成果与手工锤揲金属器皿进行结合，找到手工锤揲金属器皿的意境表现这一研究方向。

风雪祭

吕中泉　酒具　纯银、黑檀　64cm×16cm×24cm　2009

手工锤揲金属器皿作为生活中的手工艺品和器物，其与功能性、实用性一直保持着密切的关系，并且在"重道轻器"的中国传统文化中被视为"形而下"的低层次文化。另一方面，在中国古典艺术中的意境理论与意境表现主要形成、发展于文人艺术领域，其与"形而下"的手工锤揲金属器皿有一定内在的联系。手工锤揲金属器皿为什么就不能作为纯艺术的表现方式进行意境表现呢？这可能是传统文化构筑的思想藩篱吧，或许跨过这道障碍可以看到"更美的风景"。而在手工锤揲金属器皿和意境表现两者平等的关系下掩藏着某种中国金属器皿艺术当代性的实现方式。

手工锤揲金属器皿

西方当代艺术于手工艺运动的成果传入中国，影响到中国当代锤揲金属器皿的创作

意境美学理论背景

继续发展

在具体的创作实践中，本着理论与实践相结合的原则进行手工锤揲金属器皿意境表现的探索，创作出《风雪祭》《荒原》等作品。

作品《风雪祭》是笔者就读硕士研究生期间对于手工锤揲金属器皿进行意境表现的创作实践。故乡的风雪和风雪中飘摇的树就自然成为笔者创作的母题，并力图将这个母题延伸来实现作品的内在表述，并将其转化为具有社会普遍意义的图景，从而获得艺术积极的存在意义。

最初草稿过于注重客观描写的效果，显得比较平静。经过反复确

认，最后还是确定了最简捷的方案，把壶嘴放在后面隐藏起来。在确立好各个细节的尺寸和比例之后，把确定好的方案做成石膏模型，这样在进一步处理金属材料时会比较直观。

最后根据方案进行制作。笔者在这一阶段主要解决两个问题，首先是整体工艺流程要合理，不要因为前面的制作为后边的工序留下不必要的麻烦。其次是通过工艺进行"大巧若拙"的美感表达。古人通过对于"技进乎道"的创作方式来追求实现道家的审美理想"大巧若拙"。笔者对于"技进乎道"的创作方式的理解是创作者顺应自然的规律来实现自身的艺术表现，努力使自身目的与自然规律实现高度统一，巧妙地完成创作。在创作中顺应自然规律可以理解为利用材料工艺本身的效果来进行艺术表现，而不是用材料工艺所不擅长的表现方式去进行艺术表现。当然这种艺术表现在创作初始时就已经被"第一感受"所捕捉和确定，这一阶段只不过是将其实现而已，而实现这种艺术表现的过程是作者带着最初创作这件作品时的冲动进行制作，把自身的情绪通过锉、磨、锯、焊等具体的工艺操作融入到作品的艺术表现中，从而实现"大巧若拙"的审美理想。这一审美理想的主要视觉特征是整体与局部的完美统一，这里的局部并不是造型的局部，而是作品的每一个可以感知的"分子"都成了作品整体艺术表达的一部分。

作品《荒原》是和《风雪祭》同一个系列的作品。笔者在这件作品中尝试怎样用最小的形体暗示最广阔的外部空间。人类所及的最广阔物理空间是浩瀚的宇宙，在这样一个空间中人类是孤独的。如果自己只是这宇宙中的一个瞬间，那即将到来的春天又有何意义！"冬日的树"在这里继续作为一种精神的象征而存在，起到沟通天、地、人之间关系的作用。

意境表现的视觉形式主要呈现为主客体形象的统一，以及虚实空间的交相辉映，正如我们辩证而复杂的生命与爱情。时间无法回逆，但如果十年重来，我一定还是现在的我。这十年我从研究生成长为上海大学美术学院金工首饰专业的的一名青年教师，在艺术学习的道路上一路走来，深深感到为艺术不易，为金属艺术更难。十年间恍然已人到中年，艺术之外纷扰涌杂，艺术之内怎样更进一步，得心灵巧语。步履维艰中欣然奋力前行。最后感谢郭新老师十年如一日的悉心指教，使我艺术内外都收获良多。

荒原

吕中泉　酒具　纯银　14cm×14cm×15cm　2009

浅谈线性在当代首饰艺术中的表达

李 桑

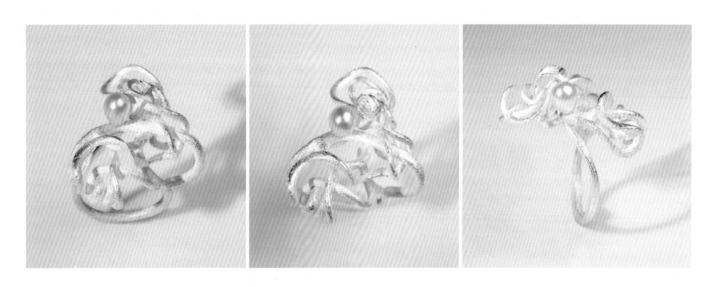

雪 （图1）

李桑 戒指 银、珍珠 3cm×2.6cm×3cm 2009

所谓"线性"是指具有"线"的性质、在空间中展开、在时间中绵延的一种独特的结构方式。

笔者将这种独特的结构方式分为两个分支，一个分支存在于想象之间，包括文学类作品的叙事结构和乐曲的音调；此外人类活动时在空间中产生的轨迹，也属于这种需要通过大脑想象、连接来完成的线性结构。第二类为视觉可以直接捕捉到并具有实体迹象的线性结构。包括以抽象的方式存在于自然中的形态，如葡萄藤、树枝；以纸、绢、竹笺、显示屏等为媒介，通过笔之类的工具在

表面留下线性轨迹的线条。本文中的线性指的是第二种——视觉可以直接捕捉到并具有实体迹象的线性结构。体现于由线性材料组成或由非线性材料组成，但在视觉上呈现线性体征的结构。

笔者六年前的研究生毕业论文，探寻了线性材料在现代首饰中的运用，主要对线性材料在西方现代首饰创作中的发展进行整理和归纳。时隔六年，笔者发现本土已经悄无声息的积聚了不少具有线性体征的艺术首饰。将其归结为两个原因：一是西方首饰艺术家在我们前行的道路上扮演了标榜的角色；二是和中国历史传承

的书画艺术有着千丝万缕的关系。展示线性结构的当代艺术家虽然未必接受过传统书画的训练，但审美、喜好、观察和思考模式却在无形中受其影响，这种根植于本土文化的连结，带动线性特征在作品中绽放。具体表现为中国传统书画在首饰艺术中的呈现、西方视觉语境对东方思考的诠释、运用传统工艺的线性材料在首饰中的视觉可能性呈现这几个方面。

一、 中国传统书画在首饰艺术中的呈现

研究生时期写毕业论文的痛苦，莫过于一个个"为什么？"的鞭挞，它们让笔者追踪到自己对于线条的青睐源于国画的研习和对生命轨迹的探寻。作品《雪》（图1）用实物浇铸的方法体现国画中线条的流畅和气韵的生动；《灵》打破惯常线条的特质，受笔墨"黑团团里，墨团团"的影响，将线性结构隐藏在主体部位中，试图体现"似有似无，似是而非"的视觉镜像。毕业后，笔者继续因循对国画的挚爱，创作了《画梦》，力图以现代人的眼光，在首饰这个载体里体现国画小品的情趣和意境。其他直接在作品中体现中国传统书画的还有胡世法的《狂草》，以植物的藤蔓造型来表现古人的书法，感叹造物主神奇的同时，探索典型的珠宝元素和现代首饰造型语言的结合。

Line

梁鹂　铜　50cm×15cm×5cm　2014

二、西方视觉语境对东方思考的诠释

梁鹂的作品《Line》呈现非常洗练的线条感，带有后现代和极简主义的气息，影射了她所受的西方教育和审美影响，然而儿时受到的中国古典绘画和书法的训练，是推动她探究、前行的动力。梁鹂说："在中国文化里的古典绘画和书法中，线条饱含着精神寓意和人类情感，在其作为视觉艺术语言的这个层面上文化使其变得极为复杂。线条这种来源于高度复杂思维的抽象视觉元素所呈现的简单本质，似乎和其承载的文化分量相互矛盾，这个现象促使我深入其中探个究竟。"作品使用陶瓷、银或镀金银，材料本身不为线性材料，但在视觉中将材料的边缘面对受众，通过不断重复呈现强烈的线性体征。（图2）

三、运用传统工艺的线性材料在首饰中的视觉可能性呈现

花丝、编织、刺绣属于中国的传统工艺，使用线性材料——金属丝或丝线。在我国历史上，金属丝编织隶属于花丝工艺，但由于西方传统中是将编织视为"Textile Technology"（纺织技术）在金属丝上的应用，金属丝编织于20世纪的发展又集中在西方，所以本文中将"花丝"和"编织"分开。

1. 花丝工艺
花丝近年为诸多人重视，尝试通过对传统工艺的再解读，促进它们的传承。笔者个人由于对线性材料的喜爱，毕业后创作了一系列的花丝商业作品和艺术作品，极力突破传统花丝在纹样上的对称性和具象性，如《归·谧》，以不规则的几何形体现当代感，通过形体中转曲的空隙衬托银丝流畅的美感。郭新老师的作品《年轮系列》，外形透露出极简主义的气息，内部采用绞丝单种纹理的无限重复，利用期间空档的巧妙增加作品的透气性和动感，将对传统花丝繁复面貌的革新提升到一个高度。而朱莹雯的作品《镜中我》（图3），将绞丝以平铺的方式作为底纹，中间人形镂空，突破了带有花丝工艺的首饰以花丝纹样为主要视觉呈现的创作角度。

2. 编织
编织在西方首饰艺术发展史里存在了半个世纪，而在中国则呈现了很长的断代层。颜如玉对多种编织方法进行的探索，对于此种

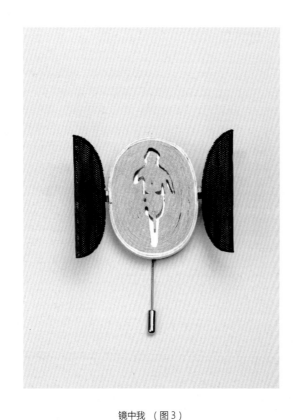

工艺在我国当代首饰艺术中的发展具有积极意义。《简单的满足》使用了编篮里的缠绕技术（Twining），作品中绞丝既具有装饰性，又塑造了结构，根根分明，从中心出发，像花一样慢慢绽放，突破了编织易呈现的密集面貌，具有强烈的现代视觉特征。

3、刺绣

刺绣由于丝线色彩的多变性，为首饰艺术家青睐，在作品中与金工相得益彰。郭鸿旭的《绣绷》系列以自然为主题，用丝线刺绣展示具体的形象。戴芳芳的作品《遇见自己》（图4）系列中，绣线展示的是抽象形态或色块。对于她来说，线是情感的缩影，用来表达丰富和细腻，束缚和隐匿。

这些具有线性体征的首饰艺术作品的出现，让我感叹发展之快的同时，也喜悦与这种根植于本心的连结。我也将继续前行在对线性于首饰的视觉呈现可能性的探索上，追寻具有唯美、抽象、无序、似是而非特质的视觉语言。回观，这便是研究生学习对我的最大帮助，让我审视、面对自己，也指示了方向……

镜中我 （图3）

朱莹雯 银 4cm×6cm×1cm 2015

遇见自己 （图4）

戴芳芳 紫铜、布、绣线、亚克力 8cm×6cm×1cm 2015

丝链 （图5）

颜如玉 纯银 5cm×5cm×1.5cm 2015

作为艺术家视觉日记的首饰艺术

张 妮

云之上

张妮 戒指 摆件 银、竹皮、纸、菩提果 4cm×3cm×16cm 2011

首饰艺术在20世纪中叶的手工艺术运动带动下快速崛起和发展。当代首饰艺术超越其传统的装饰性与保值性，如同绘画、雕塑等一样成为艺术家表达思想情感的新艺术形式，首饰创作的目的更加自由，艺术家在作品中所运用的材料、形式、工艺技法都为自己想要表达的思想主题或创作理念服务。在新的发展形势下，首饰材料、工艺的传统形态和表现手法已远远不能满足艺术家的创作需求，因此呈现出前所未有的创新发展面貌。当代首饰艺术展现出五彩缤纷、动人心魄的勃勃生机。首饰艺术成为艺术家的视觉日记，记录着发生的故事和情感，表达蕴含的思想、文化含义，以身体为媒介与佩戴者产生互动和共鸣。

首饰有几千年的悠久历史，常被作为身体的装饰物、权贵财富的象征，人们沉迷于珠宝首饰的美轮美奂，却往往忽略了首饰本身所具有的浓烈艺术表现力。作为一种艺术形式，首饰具有其得天独厚的特质。笔者在研究艺术首饰之前曾接触过陶瓷、琉璃、纤维、金工等材料及工艺，发现每种工艺材料都有其优点与局限性。而当代首饰艺术打破了这种局限性，你会发现首饰艺术的材料丰富多样，陶瓷、玻璃、木头、纸、水泥、塑料、废弃品等，所有你能想象到的甚至想象不到的都可以拿来做首饰，随之可以运用的工艺也层出不穷，艺术家在创作时更加自由，材料工艺在创新的同时也会带来更多创作灵感。

《云之上》系列作品为了表现轻盈悠然的感觉，选取了多种材料和工艺。作品由两枚戒指和一枚胸针组成，既是首饰亦可做摆件，营造超脱怡然的意境。手工纸的纹路丰富自然，结合中国潍坊传统微型风筝的制作工艺，将竹皮做成厚薄均匀极细的丝，用丝线缠绕塑形。弹簧与纸的结合轻盈、灵动，可随风摇曳。

与人身体的紧密关系也是首饰作为艺术形式的重要特质，首饰如同微型雕塑，即可单独摆放，当佩戴与身体形成互动时又会显现作品别样的意味，这是许多其他艺术形式所不具备的。

雪影   倾城——张爱玲   X - I

张妮　肩饰　紫铜、银、珐琅　8.5cm×6cm×4cm　2009   张妮　胸针　珐琅、925银、紫铜   张妮　胸针　银、紫铜、玻璃珠、金银箔、珍珠
                                            10.7cm×9.5cm×1.5cm　2009   4.6cm×1.5cm×5.6cm　2016

正如作家的文笔风格各不相同，首饰艺术家由于个人经历、性格、所处环境等各方面原因，其所呈现出的视觉日记也必然风格迥异。对于笔者来说，特定的场景、故事、情感，自然界中的形态更能引发兴趣和相应的心理感受。创作时在将内心情感物化的过程中，也会试图去通过一个情景氛围来呈现，这大概源于自身对中国文学和自然风景的喜爱。中国文学中"寓情于景，情景交融"理论对个人的首饰艺术创作有较大影响，创作时会在潜意识中寻找、发掘可以营造情境的材料工艺来完成个人的视觉日记，比如珐琅工艺。

最初对珐琅工艺的钟爱源于其绚丽的色彩和光泽，这些颜色缤纷的类似于玻璃的色料经过窑炉或焊枪的加热，熔结在金属胎体上的过程非常神奇而多变。珐琅工艺是结合了金属与玻璃质釉料的古老工艺，其制作的整个过程就像在用材料讲述一个故事，每一个步骤都是故事的过程细节，让人沉浸其中。珐琅工艺与情景营造的契合之处最为深刻和微妙的不是作品表面上的形态、色彩等元素，而是蕴含在整个作品的制作过程当中，将个人的情感思想融合到作品中的过程，一个营造情景的过程和沉浸其中的过程。在《倾城》系列中运用珐琅和丝网印工艺，能够较好地展现出老照片的图像和质感。珐琅在此成为一种画布或胶片，通过高温火的融合，将历史久远的图像凝结渗透其中，这一过程本身就是对那个年代女性的深刻追忆。

首饰作为艺术家的视觉日记，如同组织文字行文表达心中所思，

怎样的呈现方式才能最好地表达思想理念，有时需要慢慢斟酌，有时却是一气呵成，而工艺制作过程中的偶发性或实验性也往往能为作品注入新的活力。"X"系列作品灵感来源于宇宙和自然界中不常见的隐秘事物，主要采用金属、珐琅与综合材料来表现复杂细腻的颜色肌理。每个观者观看作品时也许会有不同的感受和联想，这种未知和不确定性同时拓展和丰富了作品本身的无限性。此系列作品中珐琅材料工艺的运用更注重实验性和创新性，以期在珐琅工艺过程中的可控性与不可控性之间达到一个平衡。长期的不断实验探索不仅可以让工艺技法更加纯熟精进，也可以让创作表达更加自由顺畅。工艺技法与创作提升往往是一个相互促进的良性循环，既要尊重传统工艺技法经验，又要勇于大胆突破。

当代首饰艺术本身的独特魅力与其材料工艺的无限可能性为其注入源源不断的发展动力，也激励着无数手工艺人和艺术家为之痴迷。研究生三年的学习让笔者对首饰艺术有了进一步的学习研究，在具体的创作实践中尝试更多可能性，不断剖析自我，确定未来的专业发展方向。作为一种新兴的艺术形式，首饰艺术正逐步走入公众视野，颠覆首饰在人们印象中的传统观念。首饰艺术家将首饰创作作为自己的视觉日记，记录影射其对自然、社会、文化等的情感思想，在方寸间将材料、工艺、色彩、形式等结合升华，创作可佩戴的艺术品。如今首饰艺术也正以其自由的创作形式、贴近人身体的佩戴性以及心手相连的创作过程赢得更广阔的舞台。

现代首饰中的基本解构形式与手法

吴二强

在东西方现代哲学观念与艺术观念互相渗透、信息交流日益频繁的今天，西方解构主义哲学思想对中外艺术家和设计师都有着直接或间接的影响，解构主义创作手法在许多艺术作品中都有着或深或浅的渗透与体现。而现代首饰艺术强调的现代创新特点以及对传统首饰的形式、材料、功能和意义的颠覆与突破，也都与解构主义创作手法有许多本质上的联系。以下简要总结几点：

杰克·康宁翰的首饰作品

一、对传统首饰的造型形态与功能意义的拓展与创新

首饰的发展史本就是一个不同时代背景下的"解构"过程，这是人为与行业自律的双重作用结果。对传统进行拓展与创新不等于颠覆传统，而是一个既保留传统首饰的精华，又符合现代审美理念的过程。解构主义重视结构内部与整体之间的"破与立"的关系，对现代首饰起到了积极的方法论支撑作用。解构主义形式的现代首饰作品的视觉形式要比传统首饰作品所要表达的更直接、更尖锐、更深刻、更具现实意义。

二、对现实社会文化现象的思考与解构

运用解构主义手法对各种社会现象与文化现象进行剖析、解构与批评，既可以以艺术的形式反映社会问题，又能够深刻尖锐地揭示各种社会现象和文化现象的本质，形成一种艺术介入现实生活的良性互动。

艺术首饰与商业首饰的最大区别在于它所注重的文化价值与艺术性远大于商业性，是一种文化层面上的行业。从事艺术首饰创作的艺术家，同其他艺术门类的艺术家一样，对文化艺术自身的关注是他们艺术创作不断进步的源泉和动力，更是他们艺术生涯的立命之本。尽管中外首饰艺术家对文化艺术自身都有深刻的思考，但由于东西方文化的显著差异，艺术家在首饰创作面貌上也体现了很大的不同。无论如何，作为方法论的研究，解构主义创作形式对文化艺术特别是传统文化艺术的思考与解构，符合现时代文化与传统文化之间的传承与衔接的需要，这种首饰创作形式也符合现代首饰艺术的发展需要，对拓展现代首饰艺术的多元创作形式研究具有积极的意义。

三、材料工艺与造型空间的解构

材料工艺和造型空间是手工艺术得以物化存在的前提。对材料工艺和造型空间的解构是从视觉上较为直观地进行解构表达的创作手法，体现在两方面：一是对现成物品的拆解与重构；二是颠覆造型空间与透视。

生活中的各种现成物也成为首饰艺术家创作的灵感来源。对现成物反复观察，依据灵感展开"工就料"的工作，拆解现成物需要思考再三，避免或者减少由于对现成物的无计划性破坏而造成的损失。当然，有时对材料没有明确的改造目的时，艺术家也会采用一种"边做边说"的方法，在拆解破坏的过程中，大脑快速地寻找灵感，通过拆解，再运用相关的技术设备和工艺（比如焊接等）来加工实现，甚至需要增加其他材料来辅助完成最终造型。

美国的首饰艺术家 Lynda LaRoche 把自己称作是"首饰建筑师"。她并不是简单的复制建筑，而是将建筑的墙面、门脸、柱头等经

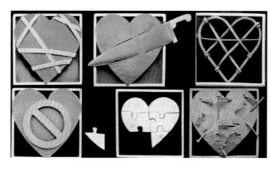

Pat Flynnde 的心形胸针系列作品   Pierre Cavalan 的多元素混搭效果的胸针艺术作品

过解析重组的创作过程，用减法浓缩最具装饰的元素并运用到她所创作的首饰作品中去。

四、装饰元素的拆解与重构

生活中的许多元素彼此之间有着各种各样的联系，依据某种特定的创作理念，将众多元素进行一定形式的组织加工，结合首饰创作语言与加工工艺，同样能创作出好的首饰作品来。

在美国艺术家 Pat Flynnde 这套心形胸针系列中，统一的心形被设计成各式各样的胸针，变化无穷。虽然"心形"是一种被人们用滥了的极其普通的视觉图形，但作者运用了切割、铆接、穿插、镂空、焊接、镶嵌、拼接、钉钉、烧熔等综合手法，结合各种综合材料，制作出了各种各样的心形胸针效果。

又如 Pierre Cavalan 的胸针艺术作品，运用众多装饰元素进行嫁接混搭的解构主义创作手法，给人带来视觉欣赏充实感的同时，更容易使观者因对作品的深入思考而使其思想变得成熟。这也是现代首饰所承担的更深层的社会意义。

五、解构视觉语境

视觉语境营造得成功与否决定了现代首饰是否具有现代性价值和内涵。然而，并非能够服务于首饰创作的视觉元素都可以直接来营造视觉语境。更多时候，艺术家需要将视觉元素进行解构，最终也是解构了符合创作需要的视觉语境。

首饰艺术家以首饰艺术创作的形式来记录和描述过去，在其中融入自己的艺术思想与观点，来营造合理的首饰艺术的视觉语境。而现实情况是，过去的视觉元素属于过去的视觉语境，与今天的视觉语境并非完全适应，用于首饰艺术创作可能更有困难。这种情况下就需要对过去的视觉语境进行解构以适应现代语境的首饰创作。

生活在现实社会的首饰艺术家们，在艺术创作中关注现代生活，关注方方面面的社会现实现象，关注文化发展的现状。他们也通过幽默、讽刺或恶搞的手法进行现代首饰创作。幽默使人与生活充满乐趣；讽刺使假恶丑现象无地自容；而恶搞则使各种不合理的社会现象被披露。这手法是对各种社会现象的时代解构，反映了时下人们各种复杂的社会心态。从视觉艺术角度讲，这些手法将广义的社会视觉语境解构成了首饰作品的特定视觉语境，具有了深刻的社会意义，现代首饰因此而更具有了它的时代价值。

经典的事物是人们在长期的认知与实践检验的基础上达成的共识，经典往往是不可动摇的。但由于在人们意识中的经典的不可动摇性经常也会阻碍和限制人们的创新认知，因此，有许多人也经常在怀疑甚至反叛着经典。首饰艺术家在对传统文化进行创新时，也会对一些经典元素产生矛盾和束缚感，这时，如果敢于大胆地摆脱束缚突破经典，也许就会有新的创意出现。这种对过去保留下来的经典元素大胆突破与创意的过程是在现时代社会语境下进行的艺术创作过程，笔者称之为对既定语境的新解。

首饰艺术中的 "手"

王 琼

首饰艺术作为传统手工艺术的一种，除了强调工艺，更强调手的参与。我们常说"心手相连"来意指情感的支持和鼓励。手所代表的内涵、惊喜及满足的部分，凝聚着人类的真情！也许，眼睛是人性袒露的凭借，而手的动态，如抚摸、抓握、挥动……帮助人们以各种特殊的方式去认识世界。任何一种艺术门类中几乎都有涉及对手的表达，油画、雕塑、影视作品、音乐、舞蹈等，只是不同的艺术形式具有不同的艺术语言因而各具特色。手工艺术的手却恰恰集中了其他艺术中手的参与方式，既可以动态地参与，也可以静态地呈现。

作为手工艺术的首饰艺术，对于手的参与有新的要求和方式。手的参与对关怀的传递起到极其重要的作用。手部是表达强烈感情的工具之一。不同的首饰艺术家，相异的手形、相异的手温、不同的情感内涵表达、不同的工艺以及相应所需不同的手对技术的不同把握，通过静止的视觉形象在不同的参与者动态的情境体验

中，引领人们在另一维度中品味人生历程中的悲欢离合。从这些作品里，观众或可窥见艺术的一个侧影，人类关怀的点滴余温，从而不断印证每个人创造自我背后的艰辛和喜悦。

一、手的直接表现

如图 1 所示，作品《Family Necklace》中的指纹是艺术家全部家庭成员的指纹的组合。手的参与是全家人共同的参与，并把所有家人的爱铭记在项链中。佩戴的同时，如同所有家人都在身边。项链爱抚着佩戴者的脖颈，佩戴者也透过这款项链深深地体会到家人的爱与温情。作品本身以及佩戴的过程就是爱的证明。这是手独一无二的参与方式，也代表了无法复制的情感与情怀。

二、工艺的 "隐士"

众所周知，手工艺强调手的参与，体现在对工艺的掌控和对材料的驾驭上，而作为起主导作用的"手"，却隐藏在了工艺和材料的背后。笔者的作品经常会用到陶瓷材料，因为陶瓷工艺过程本身就诠释了一个关怀的实践过程。从制作到烧制再到佩戴，每一个环节都需要小心翼翼、呵护备至。而整个过程中"手"以工艺的方式发挥着最为重要的作用。

Family Necklace （图 1）

Gerd Rothman　金　长 39.4cm　1998

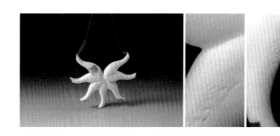

可持续——生长 （图 2）

王琼　项链　陶瓷、黄铜、铜箔　30cm×12cm×4cm　2011

119

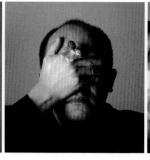

对话与独白系列 （图3）

滕菲　戒指　银黏土、珍珠、宝石

陶瓷工艺在最开始和泥的对话中就需要手轻柔地触摸，不可以使用蛮力，要关怀备至。在修坯阶段由于干了的泥巴脆性大，同样需要手轻柔地展开，最后到烧制，轻拿轻放等。如图2所示，作品《可持续——生长》，主要运用了陶瓷工艺和金属工艺的结合。这件作品告诉我们，任何一个生命体的成长都需要温暖和关怀，陶瓷表面我亲手雕琢的小小伤痕就是成长的记忆，也许一时大意，可能瞬间化为永恒的悲伤。人们佩戴这种新兴的首饰材料时，必须改变固有的观念，必须考虑到这枚首饰的独特性，需要他们加以特殊的对待。因此我们发现，陶瓷工艺几乎从始至终贯彻关怀的原则，是关怀的极端体现。而这个过程中手充当了工艺的"隐士"，默默地通过工艺传递关怀。

三、戒指与手

首饰艺术中手最典型的参与方式即与戒指的互动。婚礼中新婚夫妇互赠戒指的瞬间美好而幸福，是很多人最羡慕、最难忘的场景。在那个情境中，手的参与是有表情的，那是全世界最幸福的表情，内心的感动通过手的参与凝固在戒指中。戒指是所有首饰中必须需要手来配合展示的饰物，其实也是最具表现力和互动性的饰物。手的感觉灵敏，并且富有表现力，有时任何一个简单的手势，都可以表达丰富的感情（图3）。不少人能控制脸部喜怒哀乐，达至不形于色的境界，但难以控制潜意识里所产生的手的细微动作。这正是"手"的魅力所在，它的语言也许较为抽象或直觉，却更为热烈与真诚。戒指在佩戴的过程中，手的参与意味着心灵的参与，不断变化的内心通过手和戒指互动交流，艺术家

赋予戒指的情感表达在一次一次手的演绎中丰富着原初的情绪，并展现了一个真实的人生悲喜剧。

四、沟通艺术家的心灵创作

Mah Rana制作的《Toknot》项饰是用一个个简单编织而成的结扣来表达对逝去时光的怀念（图4）。这件作品是用废旧胶卷编织的首饰，当她编织每一个结时，视觉、味觉和听觉都有意识或无意识地回到了过去。手的参与将自己内心的温情传递给冰冷的胶片。胶片记录了过去的记忆，也记录了当下艺术家手的温度和内心的感动。所以，当看到这件作品时，她好像回到了过去的时光，又或者是过去的时光出现在今天。此时的手，不是机械的活动工具，艺术家的情感、理念通过手的创作活动和作品的艺术表达融为一体。

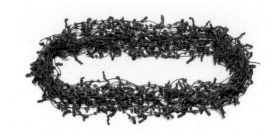

Toknot　（图4）

Mah Rana　聚酯纤维线　线长100 m　2002

五、佩戴者的情感交流

如果说前面这件作品强调艺术家手的参与，那么后面两件更多地强调参与者手的参与。作品《储蓄》灵感来源于象征爱情的钻戒（图5），佩戴者在佩戴的过程中亲手把一颗一颗钻石都珍藏起来，在和作品的互动中领略艺术家试图告诉我们的对于爱情的深刻理解，寓意爱情需要一点一滴感情的积累才可以长久。佩戴并结合极富积极暗示作用的互动行为，不仅丰富了首饰艺术的存在方式，更突出了人的情感参与和关怀输出，促使人们去思考，手的参与、佩戴的互动、关怀的表达之间的关系。

对 Rana 来说，首饰可以承载某些珍贵的记忆，也可以治疗心理的创伤。在关怀传递的过程中，强调手的参与。作品《out of dark》是一组在丧事时佩戴的胸针（图6），利用金属氧化处理使作品的表层以黑色调为主。佩戴者思念亲人，每每用手触摸寄托着对于亲人哀悼之情的首饰，心中倍感亲切，怀念之情也有所释怀。随着时间的推移，胸针表面的黑色肌理渐渐被磨损掉，而黄金的真实面貌慢慢浮现。触摸的过程充满了爱与不舍，而这个过程却又具有心理治疗的作用和积极向上的暗示。黑色的表层肌

out of dark （图6）

Mah Rana　胸针　黄金、油画颜料、纤维　2001

理象征佩戴者失去亲人的痛苦，而手的参与就是治疗的过程，每一次触摸就更靠近一点光明，最终，乌云散尽，伤痛痊愈，黑色表层覆盖的黄金材质渐渐浮现，象征光明的生活重新开始。永恒的金色象征着逝去的亲人永远地活在家人心里。我们发现，手沟通了艺术家、作品以及佩戴者之间的情感交流。

总结

在上海大学美术学院首饰工作室的三年研究生学习，给我的个人创作以及生活带来了诸多改变和新的认知。在学习中我找到了自己最想表达的语言和方式，对首饰艺术有了全面的理解。我喜欢通过作品探讨艺术治疗，传递关怀，强调手的参与作用。为了感恩母校以及导师的教导，特创作作品《治疗》系列，参加"海上十年——上海大学美术学院首饰工作室研究生教学回顾展"，这套作品是我毕业前后的联系：不变的初心和对于首饰艺术更深刻、更成熟的蜕变，试图将手的痕迹隐于治疗的背后，将治疗隐于首饰艺术作品背后。

储蓄 （图5）

庄冬冬　银、白铜、玻璃、钻石

论文中引用信息来源于网址 http://www.nbweekly.com/culture/arts/201111/28225.aspx

超越边界——当代艺术首饰之我见

胡世法

当代艺术首饰是个年轻的艺术类型，它发端于 20 世纪 50 年代的西方。时至今日，它得到极大的发展，呈现出异常丰富多元的面貌。首饰除了能代表权力和财富，彰显身份与地位，作为身体的饰物之外，还有没有其他的可能？首饰定义的边界一定是固定不变的吗？它和其他的艺术门类如绘画、雕塑、建筑一定是严格区分的吗？边界的跨越是任何艺术门类得以发展的必要过程，首饰当然也不例外，艺术首饰的边界正在不断被拓展和跨越，成为一种全新的艺术形式。

一、超越动与静的边界

韩国的首饰艺术家 DuknoYoon 将运动机械融入首饰，跨越了首饰静态的展示方式的边界。Dukno Yoon 是一位想象力丰富的首饰设计师，他的系列运动机械首饰结构精细，构思奇妙，将机械运动原理融合到当代首饰设计当中。代表作品《悬翼》模仿鸟类飞行的戒指，利用手指关节的转动，就可以让戒指上的装置模仿鸟类飞行的姿态，相当的惟妙惟肖。仿佛只要戴上这只戒指，手指就化身为一只飞翔的小鸟，这些精密的机械感首饰有着耐人寻味的巧思。Dukno Yoon 开发了自己的形式语言，这些作品创作的目的是解释翅膀自然运动，创造运动的各种结构形式，并与观赏者和佩戴者分享隐喻、想象力、幽默。（图 1）

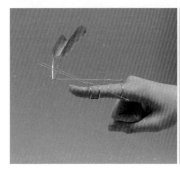

悬翼 （图 1）

Dukno Yoon　纯银、不锈钢、羽毛

Elizabethan Collar （图 2-1）

Jesse Mathes　黄铜
127cm×38.1cm×127cm

Shy （图 2-2）

Jesse Mathes　铜
35.5cm×50.8cm×60.69cm

二、超越首饰与服装的边界

美国首饰艺术家 Jesse Mathes 则用首饰探讨与服装的关系。Jesse Mathes 的作品挑战首饰传统佩戴方式和尺度的认知，她的灵感来自维多利亚时期的服装。作品大胆、另类，让人过目不忘！她的作品多用于颈部，大尺寸，具有类似颈圈的特征。Jesse Mathes 的作品获奖无数，参加过很多知名的展览。Jesse Mathes 有学习服装的背景，这促使她从本源上将首饰与服装靠近，致力于非传统人体装饰物的探索。创作选用金工技术，也选用服装密切相关的编织工艺达到首饰与服装界限模糊化的目的。作品整体形态显示出强烈的张力，给人震撼的视觉效果。（图 2-1、图 2-2）首饰艺术家 Flora Book 的作品同样也挑战传统首饰的体量及佩带方式，她用类似服装的大体量首饰来探索首饰概念更多的可能性。Flora Book 的装饰身体的作品跨越服装与首饰两个领域，同时包含移动光影中的身体。通过模糊首饰与服装的界限，促使人们对于首饰更多创新的思考。

三、超越首饰与装置艺术的边界

比利时首饰艺术家 Hide De Decker 用园艺作为一个开放的艺术实践。作为一种手工艺自给自足的证据，受报纸上关于一枚婚

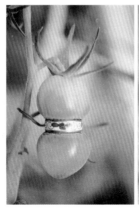

Hilde De Decker 的作品 （图 3）

Maiko Takeda 的作品 （图 4）

戒丢失 20 年后被找到时土豆已长于其中这一现象的启发。Hide De Decker 开创了一个大型的装置作品，她亲自在玻璃房内种植了大量的番茄、青椒、茄子等，用作供给戒指的素材。在这一创作过程中，她必须学会选择和培育植物，挖土、翻垄、除草、通风、浇水、施肥，研究大量文献，了解如何让茄子生长，如何给它们治病，如何捆扎藤蔓，从园艺师那儿获取建议，克服不可预期的挫折，了解植物生长的决窍和特征。等到水果长进戒指再采摘，人们实际能购买装着水果和戒指的罐子。这个作品是一个植物生长着的自然环境。这些水果作品是真正引起人们想象并产生歧义的作品，反映了 Hide De Decker 对于自然和人工的思考。（图 3）

四、超越首饰实体与虚体的边界

日本首饰艺术家 Maiko Takeda 毕业于中央圣马丁学院和皇家艺术学院。Maiko Takeda 的作品看起来像一个梦幻般的世界。她的兴趣在于创造空灵的装饰体，她的利用光线从作品中透过，形成具象的投影，用透光的形式，强调环境影响，用阴影让实物本体与投影的虚无强烈对比，产生亦真亦幻的场景。她作品本身的形式永远不能成为其唯一的功能，因为额外的元素总是寻求超越的期望，佩戴者作为作品的一部分。（图 4、图 5）

Maiko Takeda 的作品 （图 5）

五、超越首饰与概念艺术的边界

美国首饰艺术家 Lisa Gralnick 的作品激进强烈地抨击当代文化本质，她用黄金来探索唯物主义和用户至上主义的性质，讽刺黄

Lisa Gralnick 的作品 （图 6 ）

金似乎丢失了其本质的价值，通过让其成为标准来反对其他所有的商品被单一估量作为她创作系列作品《黄金的标准》的灵感。这些作品探索冲击当代经济中的黄金的价值。通过计算等值黄金的量，来反映各种日常物品的价值，并把金贴在这些物品的石膏复制品上。Lisa Gralnick 创作了一组具挑战意义的雕塑，质问我们的价值系统和我们放置在财产上的价码。Lisa Gralnick 认为艺术首饰能体现理想的理念，她为创作作品而选择的材料服从她的意识形态的陈述。这些作品吸引观者质问首饰与贵金属关联和角色问题。（图 6 ）

综合上述当代艺术首饰艺术家的创意方向，我们会发现他们拥有共同的实验精神：跨越首饰的传统界限，表达独特的观念，探索新的创意方向。这些首饰作品本身往往存在着交叉、重叠、渗透、侧重。首饰的发展过程是一个不断创新的过程，这些前卫的首饰艺术家们不断质疑首饰固有的各种属性这是一种非常难能可贵的精神。这类作品的超前和实验，完全异于主流社会群体对首饰的规范和认知。它似一股永不停歇的潮流，让艺术首饰总是保持其叛逆的色彩，具有独特的创新特质，因而具有很高的研究价值。当代首饰艺术家以首饰作为表达的媒介，从材料、工艺、创意、概念等多个方面大胆探索革新，不断尝试和实践，进行全新的艺术创作，扩大了首饰的边界，拓展了首饰的定义，让当代首饰有了更深的外延和无比丰富的革新面貌，正是这些具有积极意义的边界超越推进了当代艺术首饰的长足发展。

身体的痕迹——首饰表达中身体参与方式之研究

王书利

身体作为人的自我意识的最重要载体，是作为自觉追求自身本真存在的艺术家，投身艺术，借助艺术家想象完成自身超然的必然。现代艺术首饰作为与人的身体具有最密切关系的一种艺术形式，更是为本人探索这种自我存在及再认识提供了一个无可替代的平台。传统意义上身体一直只是首饰的一个展示平台，而没有注重身体本身是可以以一种互动元素或者参与形式运用到首饰表现或者表述中。在现代主义艺术与后现代主义艺术的影响下，随着艺术首饰语言的拓展，身体作为首饰表述中的一种互动元素、一种参与形式具有了可能性，昔日作为首饰的佩戴者的身体，开始发出自己的声音。而对于身体参与到首饰表述中，直接地探索肉体之外个体性的生命，对认识自我本真存在具有更进一步的无可替代性。

20世纪后期，对身体的认识发展为注重社会文化批评理论（卢卡契等）和身体经验批评的哲学（福柯等）。在人类审美活动中，举足轻重的身体经验便成为当代艺术的最大显学。这种思想可以说是从康德到席勒、马克思、尼采等哲学家的观念中一路发展过来的。

在当代艺术首饰中，身体作为一种参与元素或者参与形式，更直接地为艺术家探索个体存在或者说自我存在具有无可比拟的优越性、直接性和准确性。三年的研究生学习，让笔者对首饰艺术有了更深入的了解及认识。对于当代首饰艺术的热爱，不仅让笔者渴望表述内心所思、所想，更体会到这种心手合一的愉悦创作状态，并通过心手同步诉说的方式，更确切地表达个人在成长过程中所经历的内心生活。同时在创作中，笔者对透过首饰传述的自我意识等艺术问题也进行了探究。由于身体、身体的痕迹经常出现在笔者的作品中，所以促使笔者更深入地去了解其中的原委。在此，笔者将研究生期间所创作的部分艺术首饰作品加以剖析并分析创作中身体所处的地位及扮演的具体角色。

《意·识》系列胸针是笔者在2011年创作的。在这件作品的创作中，笔者利用现代激光雕刻技术把人的指纹痕迹放大并雕刻在

意·识

王书利　亚克力、矿物颜料、紫铜、纯银、白铜　7cm×4cm×2cm　2011

亚克力板上再以矿物颜料着色。带有视觉象征意义的木尺、箭头、圆形等元素也被笔者融合进作品中。在笔者看来，指纹作为区别人与人的特殊形式，代表着每个个体独特的特质。每一个生命个体因为DNA的不同，造就个性不同的同时也造就每个个体指纹的不同。然而指纹除去一些伤残意外等原因，会伴随人生命的始终并且不会改变。这种独特的个体特性与人本源的个体意识在笔者看来具有某些相似性。然而当下能够意识到每个个体都应具有独立的个体意识的能有几人？笔者在此利用抽象、象征、隐喻等艺术语言来呼吁个体意识的苏醒。同时，也是对笔者自身在自我意识苏醒后，对自己建立独立自我意识的一种提醒。在此，指纹作为身体的一部分痕迹，更好地诠释了笔者所要通过作品表述的艺术观念，再没有比指纹能更跟好地诠释个体从生理及社会文化角色中又具有的个体性质及自我意识的含义。

《生命中的温情》系列是源于笔者成长历程中遇到的各种心理感受而创作的，表述的是在芸芸众生中，自我存在的某一状态。柔软、中空的形体模仿生命体的造型，细腻的线性纹理、光净通透的表面质地，抓住了生命体所具有的典型特征。对生命体的抽象模仿，塑造出了视觉上柔软的形体，然而外观的柔软并不代表不

125

生命中的温情

王书利　戒指　纸、丝线、黄铜、不锈钢
15cm×15cm×5cm　7cm×4.5cm×3.5cm　2013

看来，抽象形式地对身体进行视觉形象的概括，摹仿其显著特征，也是某一种意义上对身体形象的理解。在《生命中的温情》中，笔者把带有生命特征的有机形态暗喻为自身，并想象化地在其上生发出尖锐的刺状结构。通过有悖于常态的对身体的想象，笔者寻求自身作为个体存在的状态。

在《温情地成长》中，笔者再次从材料出发来探索材料语言的表述形式。硅胶柔软的质地表述个体在成长中温顺、柔软的性格，然而通往成熟的岁月洗礼中，个体面对各种矛盾与冲突，又不时地提醒自己需要让内心强大起来，并且构建好自我防御体系。然而成熟的心理机制并不是一蹴而就的，作品中尖锐的刺状形态虽然预示着防御工具的尖锐与偏激，却又是不成熟心理的自然显现。幼稚通向成熟的心理洗礼总是难以逾越挣扎的内心门坎。在作品中，粉红颜色的运用，又使这种偏激的情绪得以抑制，重复缠绕丝线的制作过程仿佛平复了疼痛的心理挣扎，丝线暖材的应用也使得佩戴项圈时在触感上给予了温暖的呵护。

具有危险性。尖锐挺拔的"刺"意味着时刻自我防卫的警示。然而个体的生命中，并不全是冲突与尖锐，细腻的温情占据了生命中的大部分。用于保温材料的塑料泡沫在表面贴满白纸之后再通过喷漆对其进行腐蚀，从而得到中空的类似于生命体的造型。带有刺状结构的形体通过铸造的方式得来。柔软的机体生发出尖锐的刺状形体，给人悖于常理的视觉呈现，从而营造出一种冲突、矛盾的静谧陌生感。身体的形象，被大众广为认识，然而在笔者

温情的成长

王书利　项饰　紫铜、硅胶、丝线、金属着色剂　15cm×16cm×2cm

参考文献

[1] 滕菲. 首饰设计——身体的寓言 [M]. 福州：福建美术出版社，2006.
[2] 苏珊·朗格. 情感与形式 [M]. 刘大基，傅志，周发祥，译. 北京：中国社会科学出版社，1986.
[3] 伊丽莎白·奥尔弗. 首饰设计 [M]. 刘超、甘治欣，译. 北京：中国纺织出版社，2004.
[4] 葛鹏仁.《西方现代艺术·后现代艺术》[M]，吉林美术出版社，2000.
[5] 岛子. 后现代主义艺术系谱 [M]. 重庆：重庆出版社，2007.
[6] 曾丽淑. 身体变化——西方艺术中身体的概念和意象 [M]. 台北：南天书局有限公司，2004.
[7]（法）大卫·勒布雷东. 人类身体史和现代性 [M]. 上海：上海文艺出版社，2010.
[8]（美）理查德·舒斯特曼. 身体意识与身体美学 [M]. 北京：商务印书馆，2011.

十年海上，宛在水中央

颜如玉

蒹葭苍苍，白露为霜。所谓伊人，在水一方。
溯洄从之，道阻且长。溯游从之，宛在水中央。

——《诗经·秦风·蒹葭》

从开始学习金工首饰艺术专业到从事这个专业的教育教学工作，前后也将近十年的时间。十年，对于上大美院首饰工作室的每一位成员来说都是一个感恩的烙印，而对于笔者更有不一般的意义。

一、毕业的前与后

研究生毕业前后的变化实际上是巨大的。研究生期间在材料方面一直从事综合性材料在艺术首饰中的应用与探究，而在主题方面则比较关注与"稚·趣"现象[1]有关的艺术作品以及一些社会性现象；毕业后则基本从事贵金属材料纤维化的实验研究，在实际操作手段上更注重方式上的变化与技巧，而在艺术主题上做了刻意弱化处理，更纯粹地体现作品的装饰美效果。

毕业后无论是从研究主题抑或是材料选取上都发生了截然不同的变化。一方面和社会身份的变化有关，从一个懵懂学子正式成为一名人民教师，开始从教从业的职业生涯。这样的身份变化使得原本充裕饱满的个人创作时间被切割得四分五裂，碎片化的创作时间不由得人去进行自由探索与广泛研究。于是笔者开始了专一性、深入化的材料研究，并弱化艺术主题，注重在材料表现方面进行探索，而经过长时间专注研究，在个人创作的实践中也获得了一些小小的成果；而另一方面也与思想意识的变化有关，从纯粹学院派走纯艺术创作道路到商业化艺术首饰创作发展，笔者需要面对许多课题和挑战。在艺术首饰创作的过程中我越发感觉贵金属首饰作品的设计与创作更能激发我的兴趣，而在材料选择与运用中也大可不必再如过去大费周折做调研，单一的金属材质让我更专注于它的制作手段与材质表

自我的捆绑

颜如玉　胸针　银、紫铜、漆、羽毛、软陶
6cm×6cm×2.5cm　5cm×5.5cm×2.5cm　2014

现，作品体现的面貌也是各有新意，且具备一定的商业价值与商业发展的可能性。当然这条路是十分难走并极富挑战性的，对此刻而言，一切才算刚刚开始罢了。

二、工作的两年半

在上海商学院艺术设计学院工作已经两年半了，这段时间算起来并不清晰，但好在有些许在此期间完成的艺术作品，让笔者在这匆匆岁月中能留下一些痕迹。

《简单的满足》系列作品应该算是笔者正式工作后的第一个系列胸针饰品设计。其实在创作之初并没有刻意绘图找型，只是以一种单纯实验的角度进行金属丝材质研究，然而在一次次的探索研究的过程中就生发了这几件小品作业，在这些作品的实践中我累计了一些浅显的金属丝编织与绕线工艺，因此这组作品于我而言更像是一个材质探索道路的开始，或者说是开始研究金属丝表现方式的纪念作品。

简单的满足

颜如玉　胸针　纯银、925 银　5cm×3cm×5cm　2014

简单的满足

颜如玉　胸针　纯银、925 银　5cm×5cm×6cm　2015

丝链

颜如玉　项链　纯银、925 银、大溪地珍珠　0.5cm×0.5cm×60cm　2015

件蛮有爱的作品。而作品本身的工艺是采用"桶编"的编织方式，中间空心的设计手段让整根项链富有弹性，可以扭转变化，且具备佩戴的自由性，与传统金属首饰给人以冰冷、坚硬的感受不同，多了一份趣味性和实验性。

《织语》胸针、手镯两件作品，则是对于前一阶段创作方法的新试炼与再探索，结合之前实验所得的些许经验，试图将不同的金属编织技法进行搭配尝试，将编织材料中各不相同的视觉语言按照其特有的优势进行组合，创造出别有意味的艺术呈现效果，视觉感受更为强烈丰富，而作品本身也变得更有层次、更扎实。当然，这两件作品虽然笔者本人十分喜爱，但是无论从设计、技法，或者是艺术感受还是远远无法达到理想的水平，"路漫漫其修远兮，吾将上下而求索"。

总结

创作的道路是"道阻且长"，梦想的"伊人"（西方有种说法叫"缪斯女神"）在水一方，十年思寻好似一个开头，路还很长，要做的也实在太多。笔者不能避免需要将时间放在平凡生活的柴米油盐之中，不能避免将精力花费在学校、老师与学生之间，所留给自己的那些微薄的时间与精力大概不及十分之一。在这样的挑战与无奈中，笔者依然选择耐下性子慢慢创作，不怕花时间，更不怕失败，因为在手工艺术创作的道路上，付出是再正常不过的了。时间概念在这时代显得那样珍贵，但是耗时间如同耗生命这样的说法在这个行当笔者并不能苟同，耗时间才是对这个专业的尊重，耗时间才是对自我付出的肯定与价值存在。当然这只是我的一家之言，看那植物成长一年为了开一次花，结一次果；看那秋虫成蛹，蛰伏后化茧成蝶；世间万物的成长都要耗上这时间，我们的手艺又怎能忽略了时间的意义。

虽不知梦想的彼岸在何方，但笔者很庆幸能在"水中央"漂泊着，只要在这里，吾愿足矣。

织语

颜如玉　手镯　纯银　925 银

《丝链》项链作品是另一种金属编织方式的探索与研究后的作业成果，同时也是纪念婚姻的一件纪念性首饰。对于笔者而言婚姻实在是一种很奇妙的契约关系。在这段关系中的两个人只是出于一种说不清道不明的彼此欣赏的主观感受而决定要互相陪伴走一生，这实在要感慨古时人们想象出的"月老与红线"的故事实在太过精妙传神。回想一下婚姻还真像是两不相干的陌生人却在某一个时刻、某一个地点、因着某一个原因被联系在了一起，从此生活、工作，大事小事都相依相伴，很美好也很奇妙！《丝链》的设计从这个古老故事开始，应和着"思恋"的谐音，应该是一

参考文献

[1] 颜如玉. 趣外之意——童真在当代首饰艺术中的呈现与意味 [D].
地点：上海大学，2014.

关于"一个人的战争"创作主题的思考

徐 忱

列夫·谢苗诺维奇·维戈茨基在《艺术心理学》一书中谈到："艺术的最重要的一面也正在于，创造艺术的过程和享用艺术的过程都仿佛是不可理解、无法解释的，都是同这些过程有关的人所意识不到的。"而这种内心深处难以言喻的东西是笔者在读本科和研究生期间的创作实践中深有感触的，并且在整理分析以往的作品时，发现所有的作品的主题都离不开内心激烈的斗争和挣扎，而这与平日表现出的自我截然相反。这引起了笔者对潜意识这种隐藏在意识之下的神秘之物的极大兴趣，在翻阅了相关资料和整理例证之后，发现其和艺术之间有着密不可分的联系，并有各个领域充分的例证可以证明这种联系的存在性。而它具体影响到首饰艺术中，是如何表现出来的，这是笔者希望研究的方向。所以结合自己的创作观念，以"一个人的战争"为创作主题，更为深入地研究在潜意识影响下的现代首饰艺术语言。

针对自己"一个人的战争"这样的创作主题，对于潜意识这样一个较大范围（"所有被压抑的东西肯定处于潜意识中，但我们现在还不能肯定，潜意识的全部内容是由被压抑的东西构成的。"）的研究，笔者更偏向于研究一个更有针对性的领域——"被压抑的痛苦"（肯·威尔伯《性、生态、灵性》第四章内部的景观提出的关于潜意识的一种）和"不能满足、受压抑的欲望"（列夫·谢苗诺维奇·维戈茨基《艺术心理学》第四章艺术和心理分析中提出的关于无意识的一个部分）。

笔者试图研究这一课题，意在挖掘自我，理解从灵感到艺术作品整个创作过程的心理状态，解决自己作品受到潜意识影响这一现状的困惑；学习如何用更为准确的艺术语言表达自己内心深处难以言表或转瞬即逝的思绪和情感，为自己的创作建立更为充分的理论依据和指导；归纳整理潜意识的相关理论，从例证中分析艺术家从潜意识到具体艺术创作的心理过程，找出其中的规律，并细化到首饰艺术中，整理研究潜意识在首饰艺术中所运用的独特语言，并对自己的创作观念进行梳理和反省，联系理论，找出适合表达自己的艺术语言，解决创作中的各种困惑。

潜意识是我们平时很少能够觉察到的。但从它进入我们的意识中所留下的蛛丝马迹中我们不得不承认它的存在。这种蛛丝马迹也成为艺术家们表达内心中较为私密和压抑着的这块领域的一个切入口。而一旦被意识到，将意味着被压抑的潜意识思想迸发出来，并与艺术家们的意识层面发生战争。历史中的艺术家们用所擅长的艺术语言在作品中鲜明或隐晦地描述着他们心中那难以言喻的神秘地带，同时多多少少带着反抗外在环境影响下的自我的且矛盾的情绪。不言而喻，艺术作品就是表现战争最为鲜明的客观事实。

笔者从各个角度分析被压抑的某部分的潜意识影响下的当代首饰艺术产生的原因、特征、表现形式和实践过程。并发现和确认首饰艺术创作实践中独有的一种风格是由创作者内心深处的争斗而产生的，而且可以通过首饰艺术创作实践的独特特性反省和

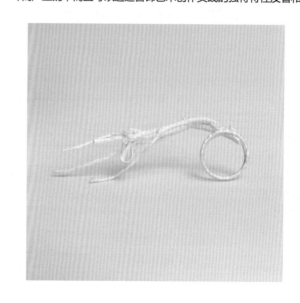

"一个人的战争"系列之一 （图1）

徐忱 戒指 猫眼石、银 7cm×2.5cm×2cm 2012

"一个人的战争"系列之二 （图2）

徐忱　戒指　材料、猫眼石、银　11.5cm×5.5cm×2.5cm　2012

体悟内心深处的真实想法，开阔创作者的视野和包容心。

在笔者对于自己的作品重新审视的过程中，也同样发现在这些作品中，"战争"始终存在，没有结果，"战争"是本能的对于真相的欲盖弥彰。笔者有许多不愿想起的回忆，一些是童年压抑的情绪，一些是成长过程中的经历，还有隐藏在笔者内心的另一面性格和喜好，甚至还有难以置信的灵异体验。而这些东西往往经常以各种稀奇古怪的形式，比如说一个故事或者某种听觉或触觉的感官体验出现在笔者的梦中。所以对于笔者，"一个人的战争"往往是在梦中和梦醒后回忆梦的内容的时候。笔者将自己的梦逐一记录下来，从这些碎片中挑选具有逻辑性的串联在一起，试图分析发现其中试图逃避和不曾察觉的潜意识，并在作品中选择各种主题和意象去表达，从这样一个从内到外的过程中试图能够真诚地去看到一个完整的、真实的自己，而不是为别人，为各种规则而活的自己。《一个人的战争》（图1、图2）这个系列创作于大四，在那段时间里都是做同一个梦，梦见长长的、纠结在一起的黑色的树枝从自己的胸口里生长出来，然后慢慢延伸到脖子，一层一层越来越紧地勒住自己，随即眼中的时间变成一片苍白的荒原。不愉快的回忆是笔者以为已经遗忘并一直逃避的东

西，而它们在梦中不断出现，去挑战着平日生活中那个自以为无所畏惧的自己。所以在完成作品的过程中，潜意识本能的反抗和逃避始终困扰着笔者，以至于无法用过于直白的和笃定的艺术语言去叙述这些故事或者情感。在开始的作品中，笔者选用铸造而成的洁白的金属树枝和银氧化而成的带有皱褶的银片去营造一个只剩黑白的色彩的氛围，而为了使材质丰富化而加入的温柔、朦胧的月光石，和单一的长线条的运用，使整个系列的作品增添了几分唯美的意味削弱了作品的力量感和冲突感，反而有种粉饰太平的意味。笔者认为，当试图将《一个人的战争》展现在观者

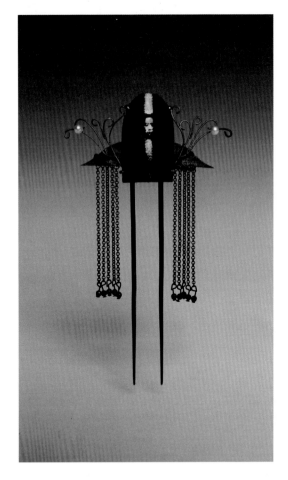

"锁深秋"系列之一 （图3）

徐忱　发簪　银、白铜、珍珠　7.5cm×11.5cm×0.5cm　2015

"锁深秋"系列之二（图4）

徐忱　胸针　银、白铜、羽毛　27.5cm×7.5cm×1.5cm　2015

面前的时候，内心被压抑的那一方还是会因为作者自我保护的本能而被重新修饰、压抑甚至逃避，最终影响到作品的表现力。在反思了自己的弱点之后，随后的一系列作品中，笔者开始积累更多的记忆，并且仔细地观察各种形态，在构思草图时保证其中的情感来源于切身感受，尽量真实，深刻、不矫情，不掩饰。然而在制作过程中，挣扎仍然避免不了，但这样一直存在着的战争也同时赋予了作品更多的可能性和矛盾感（图3、图4）。笔者认为艺术家们从内到外的转变过程也是一种对于自我的修炼，不管问题是否能解决，保持足够的真诚，才能赋予作品足够的感染力。

对于"一个人的战争"最终的出口，笔者从暂时没有任何宗教信仰的角度认为，人的"世界观"或者对于世界万物的"信仰"都会随着年龄、阅历以及某种因缘巧合而发生变化，我们能够在战争中学会冷静的审视自己的内心，不逃避，不退缩，忍受痛苦，遵从内心最真实的声音是非常重要的。首饰艺术创作本身就是了解自己的过程，然而随即而来的困惑迷茫不可避免，人类追寻这个问题的过程是永无止境的，而我们的视野和包容心也越来越宽广，笔者相信研究这篇论文的过程就如抽丝剥茧一般，离真相越来越近，等待心灵成长到一定阶段，才会给出能够说服自己的答案。而研究过程对于笔者而言，不仅仅是找到了更为明确的创作方向，激起了更为强烈的创作欲望，更重要的是，提升了笔者对于自我的认知程度和"世界观"，作为一个艺术实践者，这将是一个重要的转折点。

参考文献

［1］（俄）列夫·谢苗诺维奇·威格茨基.艺术心理学 [M].天津：百花文艺出版社，2010.
［2］（美）西格蒙德·弗洛伊德.诙谐及其与潜意识的关系 [M].北京：九州出版社，2014.4.
［3］（美）肯·威尔伯.性、生态、灵性 [M].北京：中国人民大学出版社，2009.
［4］邱志杰.总体艺术论 [M].上海：上海锦绣文章出版社，2012.

花丝首饰现代性的探索实践

朱莹雯

花丝工艺是我国传统细金工艺的精华之一，自其面世已有两千多年的历史，它已经不仅仅局限于最初的功能性和装饰性作用，而且具有了美学的意义和文化的内涵。花丝工艺各式的纹样造型，表达了人们内心的愿望，体现了不同时代的文明程度，其设计理念包含了中华民族独特的文化诉求。

由于花丝工艺是结构严谨、纤巧精致、注重细节的工艺，匠人们在制作时除了纯熟技巧的运用外，还有着极大的耐心与坚持专注的钻研精神，不惜花费时间和精力来追求作品的完美与极致，有

《镜中我》（图1）

朱莹雯　胸针　纯银、925银、镜面亚克力　4cm×6cm×1cm　2015

着精益求精的精神理念和敬业精神。在他们这种"匠人精神"的背后其实是一种淡定坦然的生活态度，带着一种对手艺的自信、一种对工作的执着、一种对生活的热爱，这样的一种"匠人精神"几乎相当于信仰的能量，让他们能够在这个浮躁的社会中，沉得住气、耐得住寂寞，在时光里慢慢打磨着人情，浇筑着岁月。然而随着社会的现代化、工业化的迅速发展，经济时代的到来，信息技术的突飞猛进，快餐文化的逐渐流行，再加上西方文化的渗透及现代人对本土文化的漠视，现代人的思想观念和生活方式都发生了很大的变化，变得急功近利、心浮气躁，传统的文化遗产所赖以生存的社会基础正在日渐消失。因此对于传统文化遗产的保护与传承成了一个难题。

一、花丝首饰设计观念的再生

随着传统手工艺的复兴，一些艺术类院校、首饰设计师、艺术家，对花丝首饰开始了创作尝试，并思考对花丝首饰的再发展，如何让传统花丝首饰顺应时代的潮流，体现当代的文化，让花丝首饰作品具有现代性。艺术作品都是时代的产儿，往往也是时代情感的源泉。每个文化时期都产生其自身的艺术，不可重复。一味墨守成规，充其量只能产生出艺术的死胎。虽然不同时期的道德和精神氛围可能会趋于类似，时代理念在经历变迁后亦可能趋于类似，内在情致也可能趋于类似，这些内在的类似，势必导致后人复兴旧有的艺术形式，以表达相似的内心洞见。[1]我们无法亲历中国各朝代的生活和感受，所以如果我们盲从当时的花丝创作方式，最终得到的作品只是徒有其形，不具其神，变得毫无意蕴。

传统的花丝首饰在设计观念上，更多的是过去人们对某一宗教信仰、民族文化、社会阶级等所产生出的相同或类似的共性情感体现，是主题与形式的固定搭配，注重工艺美与装饰美。而对于现代花丝首饰的创作，笔者认为在创作过程中应注重个性情感的表达，从自身出发，作为个体在首饰中传达情感，提升原创思维、

Java le Grande （图 2）

Robert Baines　手镯　金、铁钥匙、红木块、红袋鼠摆件
100cm×80cm×85cm　2004—2005

注重个人思想的表达、自我意识的体现，使花丝创作的观念题材
更自由多样。

在《镜中我》（图 1）作品中用花丝网做成了类似于门的可开合
造型，在"门"后，用花丝绕出不同的肌理纹样，弱化花丝工艺
的装饰性的同时，突出作品的整体性，以此来表达内心迷茫的不
同状态。

Robert Baines 是澳大利亚著名的首饰艺术家，作品中所运用到
的技术工艺来自于丰富的装饰历史，主要以花丝工艺为主。因此
他的作品《Java le Grande》（图 2），再现了传遍新世界的装
饰过剩的巴洛克式帝国，使观者在这里有一个思考的机会，如果
澳大利亚也卷入其中会发生什么。他在作品中将自己的藏品与古
老的花丝工艺相连接，作品中花丝不再是作为纯装饰使用，艺术
家则是借用了花丝工艺本身具有的历史代表性融入到作品的创

作中，以此来凸显作品的创作理念。

二、当代花丝首饰的表现新形式

1. 材质的对话

柳宗悦曾在《工艺文化》中说道："材料是天籁，其中凝缩了许
多人类智慧难以预料的神秘因素。要是能找到适当的材料，便接
受了自然的恩泽。"[2] 因此巧妙的构思和材料的合理使用才能进
一步地提高作品思想内涵，丰富作品的表现力。乌兹别克斯坦的
首饰设计师 Sergey Jivetin 则大胆地做了把不锈钢锯条作为花
丝首饰材料的全新尝试（图 3）。不锈钢耐腐蚀性高，在常温下

Whorls and Eddies （图 3）

Sergey Jivetin　手镯　锯片、不锈钢　15.24cm×15.24cm×3.81cm　2007

也不会变色褪色，与金银相比的话就不会发生氧化变色的问题，但是不锈钢的质地非常的坚硬，比金和银要硬很多，所以在以花丝工艺进行制作时有一定难度，但却有着不变形的优势。

2. 造型的多元化

首饰艺术家张凡的作品只运用了花丝工艺中编的技法，通过对金属网的编织，传达出花丝工艺能够随形随意进行缠绕包裹的特质。作品中通过不规则的形态和可伸缩的造型来表达人与人之间的关系和情意的传达。在采访中她曾说《衍异》（图4）这个系列的作品非常的轻松，所有的作品都是柔软的，都是可以佩戴的，可以根据身体的不同部位自己去进行调整，可以去玩儿，因为她觉得珠宝首饰在今天已经不能是一个形具了，它应该变成和人们的生活有关系、有意思的一个玩物，所以这个系列的花丝作品都是可以玩的，可以通过不同的佩戴方式给花丝首饰增添了几分与人的互动性。

Redline No.2 （图5）

Robert Baines　项链　纯银、电镀、静电粉末喷涂　7.6cm×4.7cm×3cm　2001

3. 色彩的变化

丰富的颜色是花丝工艺表现形式中一个很重要的突破。在视觉艺术中，色彩具有比较完整的理论体系。阿恩海姆说："色彩能够表现情感，这是一个无可辩驳的事实。" [3] 因此人们透过双眼来感受色彩的冷暖、轻重和动静等等，通过色彩的变化来引起人们内心情感和心理的变化。Robert Baines《Redline No.2》作品（图5）中的红色已经不单单是色谱中的一个颜色，红色在胸针上的运用是为了能够吸引和鼓励观者更加近距离的观看作品，从而使观者享受作品中银丝错综复杂的结构模式和精巧细致的花纹。

衍异 （图4）

张凡　铜鎏足银足金　30cm×12cm×12cm　2014

参考文献

[1] 康定斯基.艺术中的精神 [M].重庆：重庆大学出版社，2011.

[2] （日）柳宗悦.工艺文化 [M].徐艺乙，译.桂林：广西师范大学出版社，2011.

[3] 鲁道夫·阿恩海姆.艺术与视知觉 [M].成都：四川人民出版社，1998.

叙事——表象之下的归处

倪晓慧

王鲁在《艺术行为》中说道："'共同的'是指每个人都有一个生命现象，每个人都在求一个生存寄托，人们从这一点开始，会有不同的经历，现象或许会得到落实，寄托或许会过渡为寄身。"首饰便是笔者的生存寄托，围绕首饰笔者开始了生命活动。仿佛是一个篮筐，笔者开始去到外面寻觅"首饰是什么""首饰承载了什么"的答案，它跟材料有关？跟理念有关？是工艺吗？社会价值？能否被别的东西所替代？很多前辈给出了指引，杭间在《工艺不死》一文中提到的材美工巧，柳宗悦在《工艺之道》中提到的秩序之美，郭新先生在教学中强调的手、工、艺三者相辅相成。从创作出发，自省则是第一步，回忆、反思难免不把叙事的成分带入到作品中来，从这一点出发，开始了叙事性的表现方式的探索。

首饰具有承载故事的能力，其叙事符号传递出创作的意图，同时反映出创作者对生命的理解。首饰创作是一种神圣的心灵体验，基于对自然的崇敬、生命的尊重、谦卑的内心，而这种别有用心的表达生活本质与经历的方式并不单纯，讽刺、呼吁，生活故事是社会发展的意象。叙事首饰从最初的为皇帝服务的创作题材到

受西方教育形式的冲击，传统工艺与形式在我们这一代已经断层了。第一批当代首饰的推广者无一例外都是从国外学习的西方理念与形式，而本土成长起来的首饰设计师也不是靠手艺吃饭，首饰创作似乎隐喻地传递出了现阶段的迷茫与探索。

叙事，如何"叙"以及"事"如何选择？这里的事可以从广义与狭义上分，广义上没有一件艺术品不带有创作者的创作过程、创作者的生活经历、信息的传递，而这些都来自于跨越语言、种族的共鸣。叙事符号由时代精神和风俗习惯所形成的共识性，成为信息传递的媒介。通过分析首饰的特殊语言，如何实现视觉的叙事符号化，就需要对已经成为共识性的符号内容进行研究，包括形成过程、社会背景、文化因素等，得出一般规律，实现当下社会元素的转化，将其运用在首饰作品中。

叙事首饰的叙事方式不同于电影等新媒体艺术，它在时间、空间、内容上有着不同的表现形式。例如电影作品的呈现包含了滚动的时间概念，事件的发生通过时间的延续性铺展开来，而静态的首饰则是以观者的想象空间为基础，在脑海中想象出创作者想要表

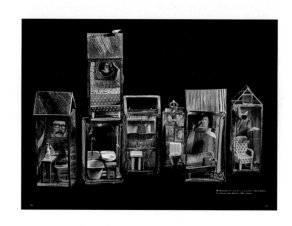

记忆盒子 （图1）

Jack Cunningham　现成物、宝石、银　2003

形式与虚构 （图2）

Konradmehus　布、照片、金属、木头、现成物　1998—2000

项链 （图3）

Otto Kunzily　结婚戒指

达的内容和故事的经过。作品语言构成的时间概念，还包括材料特性、创作者经历、创作过程。有的首饰艺术家喜爱孕育着时间和经历的材料，比如珊瑚、玉石、古老的物件，这些材料在形成的过程中就经历了大自然的洗礼和岁月的蹉跎，造就了其温润的特性。将这些材料运用在首饰中，升华了主题，折射出创作者对事物的深刻认识。对时间的敬畏是观者、创作者、佩戴者三者同时的情感体验。同时首饰组成元素之间也存在时间逻辑关系。有的艺术家会将脑海中碎片化的记忆反映在作品中，有的作品看似毫无逻辑的元素拼凑其实都是在一个大背景下所发生的故事，比如关于成长的主题：童年的乐高玩具，中学的粉笔头，高中的绘画所学的石膏像，将这些元素截取一部分进行有序的排列也会延续作品本身的时间长度（图1）。

首饰叙事的空间通过隐喻的表现，避免了绝对性的诉说方式，以空间的表现方式，将事件同时展现在观者面前，同时避免了纪录片中所谓的真实性手法和不以时间为逻辑顺序的事件，意在为人们构建想象的框架，它填补了真实中不可避免的直观感受，优雅地转化事态。显性空间指目光所看到的具象形式和首

饰结构，这是客观存在的。空间是读者积极参与的建构过程，包含了单个部件的空间，部件与部件的组合空间，整体的空间。例如作品《形式的虚构》（图2）构建的一所所小房子，不同的房子里面有着不同生活场景的呈现，不同的摆设方式共同组合成大的场景，以自己的生活场景为例，寓意不同人的生活状态，表现大社会中民众贫穷生存状态的普遍性，实现人性中的共鸣。隐性空间指由眼睛所见的在脑海中形成的想象空间，作品元素引导想象空间的形成。

叙事首饰的内容是事件表象之下的表达。艺术创作是以纪实为前提进行片段化的选择还原事件，"俄国形式主义者什克洛夫斯基、艾亨鲍姆等人发现了'故事'和'情节'之间的差异，'故事'指的是作品叙述的按实际时间顺序的所有事件，'情节'侧重指事件在作品中出现的实际情况"。由于首饰的二维空间和艺术家创作的倾向性，叙事性多为艺术家经过思考筛选后的情节。第一，首饰创作是关于事件，而不是事件本身，是通过事件所反映出的社会问题。例如作品《项链》（图3）通过回收离婚夫妻的对戒，制作成一条项链，作品不是在诉说离婚的过程，而是通过对离婚率升高的社会问题的反映，引起人们对生活现状的反思。第二，由于首饰语言的简洁，不可能百分之百传达艺术家的创作理念，所以在事件的选择上是对创作者本身有重要意义和深刻的情感感悟，以及能够引起共鸣的社会事件。

笔者一直在探索方式，笔者看到每个人都在用首饰表达自己、寻找自己，笔者只不过在探索更新的方式——这个方式是在当下所产生的。故事本身在表现上是次要的，营造的感觉与气质才是笔者所想要的（图4）。

求签 （图4）

倪晓慧　胸针　925银、紫铜、绢、国画颜料　10cm×8cm×2cm　2016

简谈首饰艺术中"我"的蜕变

刘晓辰

从 2005 年开始学习首饰设计到 2016 年，已有 11 个年头，在这 11 年中笔者经历了三个阶段，艺术首饰于笔者的意义也随之发生着变化。

笔者把最初的四年看作技艺学习期。这一阶段主要学习了各种金工技法、基本的设计方法等，其间的创作主要是为了帮助自己熟练技艺。这时，艺术首饰于笔者而言是一个新鲜、庞大的系统，每一件作品的创作都好像是在开垦一块新地。

接下来的四年是自由创作期。这时笔者没有过多关注别人在做什么首饰，只是随从自己的心意，做想做的东西，为每一件新作品的诞生而兴奋。艺术首饰似乎成为了让自己区别于众的工具。

在随后的研究生学习阶段，笔者对艺术首饰的认识从感性深入到了理性。我的导师曾说：艺术家首先是一个思想家。我开始放慢脚步，更多的思考创作的内因。于是，外在的形式不再是我首先关注的，我开始寻找创作的最初动机和创作过程中发生的内在变化。渐渐地，首饰创作在我的世界中成了一个个理性分析的过程，同时也变成了深入了解自我的过程。自然而然地，我的创作方向与艺术治疗联系在了一起。

相对于语言，艺术具有超乎人类意识范畴的表现力，而艺术治疗

真正的我 （图1）

刘晓辰　胸针　黄铜、硅胶、纸、彩铅　8cm×6cm×2.5cm　2016

正是利用了艺术创作和对创作的诠释，帮助人们深入自己的无意识，创造了一个重新认识以往困扰自己的问题的机会。在众多艺术创作形式中，艺术首饰互动性、叙事性的特征使其可以为参与者提供深入自身无意识和潜意识的机会。因此，艺术首饰的创作成了艺术治疗的一个媒介。我试图通过首饰艺术的创作来探求与创作理念相关联的个人记忆、生活经历、情感表达中所暴露的人性中的弱点，以及因此而影响个人性格的种种因素，进行自我发

两张脸 （图2）

刘晓辰　胸针　925 银、纸、亚克力　6cm×6cm×1cm　2016

现，从而通过首饰艺术独特的表达方式达到情绪宣泄、欲望转移，进而在精神、心理层面达到更为健康的状态。

有一种观念认为，艺术是用来表达语言难以企及的内容的，能呈现出一种说不清道不明的美感，也能留给观者一定的空间去欣赏、揣摩一件作品，所以这种观点反对在艺术创作中把一件事说白说透。但笔者认为那是站在观者的角度而言的，作为创作者本身，必须清楚地知道自己的创作意图和创作行为背后的意义。对我来说，艺术创作是理清内在的一种借助手段，模棱两可是对自己的糊弄，必须去思考自己每一个选择的理由，时刻反思自己最想要表达、抓住的是什么。艺术创作的过程就是自己越来越发现自己、了解自己的过程，而越是了解自我就越是能准确地表达自我，自然地形成个人鲜明的风格。

作品《真正的我》（图1）正面为自己的卡通造型，显得比较可爱、粉嫩，这是平时自己向外表露的一面。胸针佩戴在胸前产生了用四肢紧紧攀附在墙的效果，这一动作也象征了作者不愿意向外表露的内在私密的、真实的、丑陋的欲望。作品的正反两面形成了"本我"与"超我"的微妙平衡，以一种自嘲的形式揭露了自己，让观者以首饰为媒介来了解到真正的自己。

作品《两张脸》（图2）是一件带有可开合结构的胸针呈现出了自己在人前人后的两张嘴脸，向外的脸上只有笑容，把它披戴在胸前，象征着每天带着自尊、骄傲、害怕失去的心等等复杂的心理迎合世界的状态，同时，遮盖在下面的脸是真实自我的写照，在生活中这两张脸一定是形影不离的，只有第一张脸真正消失，真正的我才会生动起来。

系列作品《阴影的面积》（图3、图4）以漫画的形式再现了自己曾经的生活场景，留白的空间在漫画中通常象征了漫画人物的意识世界，通过这种表现手法让我站在自我之外，以第三者的视觉角度进行自我审查、定位。同时以一个更加客观、全局性的立场来分析自己当时的想法，看到自己原来的局限性，为自己找到了快速更新的理由。

对于现在的我来说，创作的过程几乎是24小时在进行的，在动手进行创作之前，我会花更多时间在脑中思索：为什么？发生了什么？怎么了？该怎么办？怎样更好？即使我手上正在做别的事，也不会影响这个酝酿的过程。这个思想的过程常常与自己的过去发生关联，因此在看到过去的创作时，也会再发现更妥当的处理方法，所以现阶段的创作将会集中于对已有作品的再创作上。希望自己的创作在这过程中不断趋向成熟。

由于研究生阶段对艺术首饰更深入的学习、研究，也决定了研究生毕业后的工作方向会更倾向于带有一定学术性、能满足自身创作欲望的工作，而通常能满足这些条件的工作不外了独立艺术家或者专业教师这两种，或许这也是本专业这么多届毕业生成为专业教师的原因。成为了教师的首饰艺术家也肩负了向大众、学生传递艺术首饰的设计理念和设计方法的职责。在我工作的现场会有许多想要去国外研读首饰专业的学生，大部分在中国的教育体系下成长的学生能够很容易地接受新的知识，按部就班地把一件件东西做好，但是通常到了创作阶段就显得缺乏创意，因为不善于主动思考、提出质疑、深入推敲。从研究生的学习经历中，我把自己学习到的系统设计方法教授给学生，帮助他们去挖掘、发展想法，找到最恰当的表达形式、表现材料和技术语言来实现他们创作。于此同时，也会为对艺术首饰和其首饰工艺感兴趣的社会人士开设相关主题的体验课程。希望艺术首饰在国内能越来越广泛的得到发展，也希望能有越来越多的人能欣赏和解读这一艺术形式。

阴影的面积1（图3）

刘晓辰　胸针　925银、纸、树脂、颜料　5.5cm×4cm×0.8cm　2016

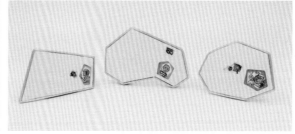

阴影的面积2（图4）

刘晓辰　胸针　925银、纸、颜料　5.5cm×4cm×0.8cm　2016

浅析符号语言在现代首饰艺术中的表达

戴芳芳

现代首饰艺术中的符号性表现在它外在的美感形式和内在积淀的社会文化内容当中，即内容中积淀了观念，而观念又呈现出一种有意味的形式，尤其是图形化了的首饰，实际是在借助符号形式来进行信息的传达与交流。符号艺术起源于西方，由古罗马哲学家塞克恩比里柯最早在《古希腊罗马析学》中提到有关符号的知识，内容关于符号的定义。意大利著名符号学家艾柯将符号定义为：根据既定的社会习惯，把某种东西看作代表其他东西的另外一种东西，也就是用一个记号 X 代表并不存在的 Y。德国哲学家卡西尔则认为符号是人类区别于动物的一种标志，而所有能够以形象表达思想和概念的物质都是符号。

艺术首饰在 20 世纪中叶的手工艺术运动带动下快速崛起和发展。而当代艺术首饰超越其传统的装饰性和保值性，成为艺术家表达思想情感的新艺术形式。在某方面首饰本身就是一种视觉化了的符号，这里指的是与首饰设计的图形和造型有关的图像，这些图像不但是首饰内容意义的传达，更是一种社会认同的体现，而在视觉结构中，这些图像又是对视觉经验的总结。

在一部分具有隐含性传达特质的首饰设计中，它们往往是由艺术首饰的各个组成元素来共同构成的，比如在一种认知体系之中，

增长的价值 （图1）

Lauren Vanessa Tickle　胸针　1美金面值的纸钞、925 银

9.35cm×9.53cm×1.5cm　2012

小盒子 （图2）

Tore Svensson　胸针　油漆、钢　4cm×4cm×1.5cm　2009

符号就被视为是指代一定意义的意象，它可以是图形、图像或文字，也可以是建筑、产品造型，甚至还可以是一种思想文化，只要是能够作为某一事物标志的，都可以被称为符号。

美国首饰艺术家 Lauren Vanessa Tickle 的作品《增长的价值》（图1），其主要材料是由 1 美金面值的纸钞重复剪裁组合而成。在这系列作品中，Lauren 想表达的是首饰与价值这个概念是不能分离的。无论是因为材料、人工、或者首饰所带来的情感价值，佩戴者和旁观者都可以对佩戴的首饰材料和艺术价值做出评价和假设。她的研究和调查主题是与首饰相关的视觉感受与内在价值概念这个隐喻在材料中的两个概念的讨论，即观者看到的其作品是有货币符号美金所传达出来的价格，也就是流通价值，与隐藏在背后其作为创作材料艺术家对其倾注的时间、情感、经历、最后成为艺术作品的价值。价值观的探索过程一方面需要货币的

定义，艺术家将美元面值上的图形元素重复组合，将其创作成艺术品创造更大的价值，探索作品艺术价值和货币价值这两个点上的概念。

首饰是集视知觉与造型于一身的载体，而视知觉和造型都与符号有着紧密的关系。艺术首饰创作外在符号化是促成艺术作品内在含义表达的重要手段之一，这种符号美感的准则也是其语义表达的需求。

色彩语言是艺术作品中必不可少的符号语言之一。首饰艺术家 Tore Svensson 近期一系列作品就很好地诠释了这一点。《小盒子》（图2）系列作品是为了纪念作者儿时家乡瑞典乡下宽阔的草地和房子这一景象。Tore 觉得房子就像是小盒子，我们用盒子存放生活物品，我们自己也生活在盒子里，作品中盒子的四周封锁的面代表我们周围的墙，同时这些墙也是守护内心坚定理想信念的墙堡。而这些盒子除了形态和肌理上的变化外，还有个鲜明的特点——颜色，不同的颜色代表不同的季节，也代表艺术家创作时不同的心镜。

R. L 格列高里在 1986 年针对色彩的视觉认知性阐述了颜色知觉对人类的作用，提出色彩影响我们的情绪状态的观点，色彩本身是一种相对于视知觉而言的视觉符号，是视觉表达层面语言符号的呈现。色彩语言与情感密切相关，艺术首饰要传达某种情感需要色彩这个具有指示作用的元素符号来辅助完成。

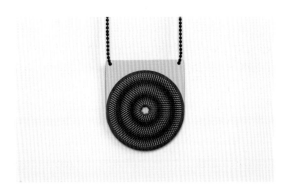

莫尔首饰 （图3）

David Derksen 项链 黄铜、黑色不锈钢
30cm×8cm×0.5cm 2014

纸板 （图4）

David Bielander 手镯 氧化银、18k 金 14cm×14cm×8cm 2015

图3所展示的系列作品《莫尔首饰》是由 David Derksen 创作的。

通过移动或者旋转黑色的上层金属片，使表层图像与背景图案相互交错。当它移动时环或点显现并移动，从而形成了一个几乎催眠的效果。这件首饰通过莫尔波纹原理带领观者进入一个奇特的视觉世界。

在首饰设计的基本形式语言中，首饰的材料是由它的自然属性和社会属性来共同构成的，研究艺术首饰造型语言与隐喻性的关系需要充分认识材料语言在艺术首饰中的象征意义。材料的自然语言大多来源于人类对材料的自然感受，而材料语言的社会特性往往受到时间和空间的影响。这在一定程度上也促进艺术首饰材料符号化的特质。

慕尼黑的艺术家 David Bielander 创作的一系列首饰作品名为《纸板》（图4）。这些手镯看上去像是用瓦楞纸剪裁拼接而成，其实不然，它们是用贵金属 18K 金、银经过特殊处理，变形而来的。艺术家隐藏真实材料，巧夺天工的技艺也让观众佩服。

传统图像的现代转化包含图形符号系统本身的现代化应用，同样也是利用传统的图形图案、符号来进行新的象征表达，进而从这种图形生成方式中寻求与当代艺术首饰的相关性，进行艺术创新。图5、图6展示的是笔者自己创作的作品——《茧》。"茧"这一元素在传统中国文化中带有"作茧自缚""破茧成碟""抽丝剥茧"等文化符号。作品主要由大大小小的真茧和模拟茧的外形用陶瓷材料制作的假茧组成。真茧和丝线结合代表作茧自缚逃离现实脆弱的"我"。陶瓷材料制成的茧造型元素代表坚不可摧"我"。作品反映创作时期面对外来变化，必须做出选择时，我是该力排众议，追随内心想法，还是顺应潮向，随波逐流？作品反映了当时迷茫的人生状态和挣扎的内心。

从符号学的角度来讲，首饰本身就被认为是一种符号，这里包括造型符号和象征符号。艺术首饰创作本身也可以被当成是符号的选择或构建。符号学本质在于意义，意义又是通过人们的直觉经验和思考经验来产生共鸣的一种行为反应。沙夫曾经说过"没有意义就没有符号"，研究艺术首饰中的意义便是我们探讨艺术首饰符号性的一种体现。

茧（图5）

戴芳芳　项链　银、陶瓷、纤维
24cm×24cm×6cm　2014

茧（图6）

戴芳芳　胸针　银、陶瓷
5cm×5cm×10cm　2014

浅谈艺术首饰的互动性

朱鹏飞

首饰本身是一种在公众环境下佩戴的展示形式，它有更多的时间和机会暴露在人际交往中，作为身体的延伸，它是除语言与肢体之外更容易开启一段互动关系的艺术形式。艺术首饰的创作蕴含着不同艺术家的观念，由于首饰其自身的佩戴性，在肢体或言语的互动过程中充当着最为理性的催化剂。

首先在艺术创作过程中，对笔者而言，首饰与我的关系主要是以创作来探究情绪是如何产生变化的，在作品的佩戴互动环节，对我来说是一种被动的情绪表达，被动在于情绪的压制，表达在于情绪的释放。但在不同的互动环节中，情绪不会凭空消失，而是在自我调节和互动时的体谅下部分消解的，首饰在其中扮演着一个不可或缺的角色——一种释放压抑情绪的社交货币。

互动本身是一种表现相互影响的动作，在不同的过程中起到不同的作用，在社会活动过程中，它对人的心灵和自我意识的建立至关重要。"只有当社会过程作为一个整体进入或者说出现该过程所设计的任何一个特定个体的经验值之中时，心灵才在该过程中产生。当这种情况出现时，个体就成为有自我意识的，并具有了心灵；他开始意识到他与那整个过程的关系，意识到他与和他一起参与该过程的其他个体的关系。""当整个社会经验与行为过程进入该过程所包含的任何一个独立个体经验之中时，当个体对该过程的顺应受到他对它的意识或者了解的更改和限制时，心灵或智能就逐渐显现出来。"[1]这个过程是在互动的形式下进行的，如果一个人脱离社会，就不会在社会互动过程中受到影响，自我意识的建立可能就会出现问题。在信息发展、交流迅速的今天，作为一个社会人，自我意识对与我们认知世界的层次有着巨大的影响。

首饰最基本的属性就是其佩戴性，从古至今，首饰都与身体有着密切的联系，更为极端的首饰会直接破坏和入侵身体。首饰与身体的亲密关系是一般艺术形式所不具备的。语言固然是一种高级而日常的互动形式，语言的发展会不断完善人们的语言系统，但

挣脱 （图 1）

朱鹏飞　手镯　925 银　9cm×6cm×2.5cm　2016

身体的语言仍是不可忽视的。首饰与身体有所联系，非语言沟通中的肢体与沟通关系也是密不可分的，两者都存在"身体"这一互动过程中的主要部分，首饰其佩戴性帮助首饰更自然地融入到肢体互动过程中，相同的载体使首饰被赋予了沟通的潜在特性。

互动的过程在某种程度上是一种沟通的过程，沟通结构中的反馈要素是构成互动的关键，"反馈的作用是使沟通成为一个互动的过程，而不仅仅是单向传递。通过反馈，信息发出者可以了解接受者对于沟通信息的理解状态，从而进行应对性的调整，以保证沟通的有效性。"[2]接下来笔者将分析互动与沟通的相关部分，探寻肢体等非语言沟通对于艺术首饰中互动形式创作的有效性。

在自我的互动中我尝试将肢体的动态加入创作之中，为了表现生活中一些烦躁与无可奈何，并且希望挣脱这一现状，以此为主题创作了《挣脱》（图 1），通过挣脱的动态直接表现自己的状态，以手铐的基本型表现禁锢，黑色的外边述说着当时的情绪。整个主题的表现需要挣扎的动态，可以是自己单独挣脱（如图 2 所

挣脱　佩戴效果（图2）

朱鹏飞　手镯　925银　9cm×6cm×2.5cm　2016

展示效果）或者是别人帮助自己解开心锁，需要一种互动的动作去完整地表现主题。

首先肢体语言在日常交流中占很大的比重，"心理学家经过严格的观察研究发现，此时无声胜有声绝不是简单的主观感受，而是科学事实。在两个人之间的面对面的沟通，55%以上的信息交流，是通过无声的身体语言实现的。"很多沟通都需要肢体的帮助，肢体语言的符号性在交流中起到很大的作用。"身体语言的一个特点，是它具有简约沟通的特殊功能。无论是哲学家、艺术家，还是心理学家，都丝毫不怀疑，事实上语言对情感的表达是极其有限的。也正因为如此，语言永远不能代替身体语言。身体语言往往比普通语言更为有效的反映人们的内心情感。"首饰艺术家 Jennifer Crupi 的作品展示了一种通过形象的身体语言来达到沟通效果的创作形式。她的作品常表现各种具有某种意义的手势或姿态，希望佩戴者与观赏者能意识到身体语言对于沟通的重要性。如图3《guarded gestures》，艺术家尝试各种方法，

guarded gestures　（图3）

Jennifer Crupi　3cm×14cm×8cm　2010

让手在身前抱握，让佩戴者稍稍与外界环境分离，让人感觉更舒适一些。当作品被放置在一面镜子前时，镜上有相应姿势的图案，这种互动的展示让其在靠近并尝试摆出镜中的姿势时看到自己的姿态。研究表明人更倾向于对他人身体语言做出解读，总会忽视自己的体态。这些作品运用肢体语言，引导佩戴者与观者去思考姿态的意义。同时，首饰充当着调节身体姿势的必要道具，是形成互动的关键部分，引导着互动的产生。

参考文献

[1]（美）乔治·H.米德.心灵、自我和社会[M].上海：上海译文出版社，2005.
[2]金盛华.社会心理学[M].北京：高等教育出版社，2010.

浅析艺术首饰中情绪记忆的隐性表达

郑植文

对于艺术家来说，自身的情绪记忆是最真实的情感表达。将首饰作为情感的寄托载体，与记忆相关的材料、色彩以及工艺等被作为重要的形式语言运用其中。鲜艳明快的色彩给人印象深刻，唤起鲜明美好的记忆，暗淡灰暗的调子充满怀旧感；坚硬的材质给人较冷的视觉效果，而柔软的材料也许是对过去温暖的回忆……然而记忆是存在于脑海中，是无形的，一些艺术首饰的创作是能够让人回忆起某段时间、某个人、某个时间的物质载体，是作为一种物质载体来表达艺术家情感的。

一 、情绪记忆

如今当代艺术首饰早已模糊了传统首饰是身份地位和权利财富象征的概念，突破了原先的固有属性，渐渐成为一种艺术家进行自我表述、抒发情感的新的艺术形式。通过首饰表达内心的情感，或是对过去事件的回忆与纪念等都成了艺术家主要表现的主

公园长椅（图2）

Marie-Lauise Kristensen 胸针 黄铜、木 2011

题想法。一件艺术首饰创作的诞生并非是作者的凭空臆想，它是暗含个人色彩和情感记忆的载体。对于从事艺术创作的人来说，情绪记忆是最真切的情感表达。然而记忆却是无形存在的，一些特定的艺术品是让人回忆起某段时间、某个人、某个时间的物质载体，它是能够长久保留情绪记忆的，而首饰正是能够作为物质载体来表达艺术家情感的一种体现。

首饰不仅仅具有装饰、佩戴的功能，还能让佩戴者与首饰之间产生更为直接的互动体验，感染观者，既能够传达出所要表达的首饰语言和设计理念，又能够使观者和佩戴者参与和艺术家之间的情感互动。

二 、首饰艺术中的记忆——首饰艺术家作品分析

艺术首饰通常作为艺术家一种情绪记忆的载体和表达方式，是自我本身的情感诉求和生活记录的形式语言。

簪 （图1）

Melanie Bilenker 胸针 金、纯银、黄杨木、环氧树脂、颜料、头发
5.7cm×1cm×4.8cm 2006

美国首饰艺术家 Melanie 制作的系列首饰里面，图画中的每一条线都是用她自己的头发勾勒的，图 1 中她的创作理念来自于维多利亚时期人们用小金盒收集掉落的头发，并在绘画上用落发制作小型肖像画，以此来保存一些美好的记忆。作者选用透明或是泛黄的树脂来营造过去的一种氛围，用自己的头发丝构成影像来保存自己的生活印记。

几年前艺术家 Marie 参与了一个在曼谷的研究之旅的项目，并办了一个展览。 在一篇采访她的文章中提到为什么会选择曼谷作为研究目的地时，她的回答是"与其说是我选择了曼谷倒不如说是曼谷选择了我。我的家乡哥本哈根是一个充满夏日浪漫的城市，而曼谷也是一个能激发我相同情绪和感情的城市，我看到了一个对于我来说未知又熟悉的城市。在曼谷，我试图从城市的景观中捕捉和把握一些细节并结合我的印象和记忆将它们转化为首饰。将记忆片段和城市元素结合成新的统一体。" 她认为城市给人的第一印象是温暖的，令人惊奇而具有吸引力，一切都是截然不同的，包括美学、材料和形式。重视细节的她仿佛置身天堂，颜色、图案之间有着很多的反差和视觉冲击。对于城市的情绪反应首先是困惑的，我们能够看到，听到，尝到，触摸到，但却没有真的抓住和理解得更多。《公园的长椅》（图 2）是她在曼谷时创作的作品，艺术家将自己所看到的感受到的用首饰作为一种表达的方式，像公园的长椅、朋友的家都是随处可见的对城市的记忆点。

亲吻 （图 4）

Jana Machatova　胸针　有机玻璃、银、纸、塑料
10cm×10cm×1cm　2014

来自斯洛伐克的首饰艺术家 Jana 说自己总是一直为记忆而工作着。在系列《我来自哪里？》中试图向人们展示在他童年时的政治系统和社会状况的经历。图 3 表明在政治组织中孩子们过着统一的生活等这一切都已在他的脑海中烙上深深印记，采用镂空的视觉语言，使整件首饰表现得更为直接。另一系列作品《亲吻》（图 4）意寓政治家之间的正式吻是没有爱的。他试图设置传统的装饰，一个美好的亲吻和可爱的饼干模具与象征形成对比。这

我来自哪里？（图 3）

Jana Machatova　胸针　有机玻璃、银、烫金
6.5cm×10cm×1cm　2014

T. b. a. t. b（图 5）

Eva Tesarik　胸针　银、照片、水晶石　6cm×4cm　2007

些首饰不仅仅只是我们身上的装饰品，它们也是一种对童年的纪念性的情感表达。

在 Eva 的这些作品中，她采取的灵感有两种不同来源。这一系列（图 5）的灵感来自沉没的泰坦尼克号。船上携带的所有奢侈品都消失在深海中，被海藻和珊瑚所缠绕覆盖，成了海洋的一部分。Eva 花时间在意大利的斯佩隆加海滩并搜集了布满海藻和珊瑚的贝壳、石头等，就好像这些东西是来自泰坦尼克号上的一样，艺术家试图将这些曾经完整的精致奢侈的碎片重新组合创作，以此怀念这艘"永不沉没"的豪华巨轮。

《宫》系列（图 6）预言着衰退，意大利文艺复兴时期褪色的光芒遗留给人们的碎片。艺术家在威尼斯发现了一个旧的托盘，剪开并从中取得旧物——一个新的辉煌世界展露在我们面前。

宫　系列　（图 7）

Monica　项链　回收锡、铁　2010

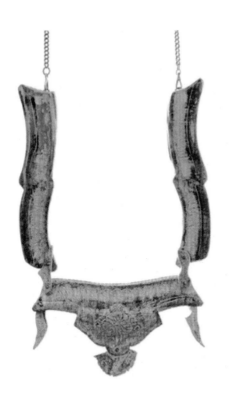

宫　系列　（图 6）

Eva Tesarik

在她的作品里总是有古老的、美丽的过去。家具的金色部分，托盘的金色部分，一块天花板，一块建筑物，还有旧家具上雕刻装饰线条的部分，残缺的水晶吊灯等。

首饰艺术家 Monica 不仅喜欢老旧的罐头材料，还对它们的外在图形很感兴趣，因为这代表了 20 世纪社会的一种类型的历史，包装并不是垃圾而是可以重复使用的。这些罐头让她想起了她的童年，祖母总是将这些存放食物的易拉罐保存起来作为可以存放东西的有价值的器皿。之所以喜欢使用老旧的材料是因为它们老化的迹象和暗淡而充满怀旧色彩的气息似乎在暗示它们的故事还未完待续。将这些材料进行创作，是想要展现它们独特而充满价值的过去，和非常珍贵的具有商业价值的材料对比形成的反差对于她来说是非常有趣的，而且具有回忆的价值。（图 7）

三、结语

首饰自其产生，就与人体有着密切的关系，当代艺术首饰的一个重要语汇就是通过研究首饰与人体的关系，实现"物"与"人"的对话，依托人体实现形式上的特立独行。当代艺术首饰与各种材料的融合对于与人身体的关系的进一步探究会产生新的含义。自己的情感，又能和观赏者或佩戴者形成一种互动交流，一种情感上的共鸣。

从首饰的门外微微往里望一望

章　程

从不知道艺术首饰为何物到开始发现它的独特魅力

2015 年对于笔者来说，是一个不同寻常的开始。这一年，工作三年多的我选择了考上海大学美术学院首饰专业的研究生。作为一个非艺术类专业的，本职工作也不是艺术类的考生，凭借之前对于美术的兴趣和一点点积累，"侥幸"考上了研究生，成为郭新老师的学生。

由于父亲多年在珠宝首饰行业工作，从小我对珠宝首饰可以算是耳濡目染。以前只是知道，首饰也是可以设计的，看到款式特别的首饰只是会觉得特别有趣，并不知道其实首饰的分类在当今社会已经越发细化了。

上了研究生之后，第一次接触了艺术首饰。被它特别的外形所吸引，也被它特别的背后的故事所吸引，由郭新老师的引导，开始了当代艺术首饰的探索。学习艺术的第一课是从接触材料和欣赏他人作品开始的。接触材料，自己找它的多种可能性，尝试各种加工工艺，以及使用一些从来没有使用过的"非主流"工艺，比如，简单的烧、煮、敲打，通过与材料的"亲密接触"，意想不到的造型和想法就会从中出现。

作为一个非艺术专业的学习者，与艺术专业的同学最大的差异可能就在于欣赏美的能力和审美观，当然这不是一两天能培养出来的。最好的培养方式是先欣赏艺术家的作品，了解和理解他们的创作理念，对于作品的独特想法，从中找到自己对于他们作品的

愉悦花　（图1）

章程　纯银　5cm×5cm×5cm　2015

海韵 （图2）

章程　吊坠　纯银　6cm×5cm×2cm　2016

欣赏方式，也许还能发现自己的审美倾向和创作思路。

像之前曾经做过的艺术家资料研究中，一个韩国艺术家 Yeonmi Kang 的作品就非常吸引我。他的作品主要使用人形、墙角的卡通图片，以及筹码来作为创作元素。作品看起来就非常具有故事感，容易引起观者的联想。艺术家喜欢将个人经历，和对人类情景相关的想象转化成三维形态的首饰。他通过探索象征意义来追问人类不可改变的命运。通过每天把这类问题转化成首饰实物，他试图成为一个观察者，世界和自己的流动的连接的观察者。

而另一些艺术家，例如 Sarah Hood，则喜欢将自然界原本就有的形态用金属的形式固定下来，以把它们瞬间的独特的美固定下来，把首饰作为了一种独特的保存美的载体。

通过一年多的学习和实践，我开始逐渐明晰自己所热衷的创作元素，并有了一些创作上的尝试，从最初的单元素创作练习，到后面开始尝试更多的元素组合，从设计最基础的概念学习，到之后的设计理念的学习，这一路走来，收获良多。

出于对传统工艺的兴趣，今年暑假也去了贵州学习传统工艺——银花丝，在尝试传统的工艺中，体会传统技艺的内在精神，并试图通过自己所学的当代设计和艺术的技艺将传统的花丝赋予新的设计和装饰形式。进而试图创作和设计一些能融入传统工艺的当代商业设计首饰。

在进入艺术专业学习，尤其是研究生学习之后，深深地觉得只凭借一点点的对于美术和设计的兴趣是远远不够的，专业的能力并不是一天就能练就，因此有很长一段时间处在非常焦虑的状态。

好在有郭老师一直陪我走过这样一段时间，大大地缓解了我的焦虑情绪。从最先开始的关于艺术的基础知识的传授，到艺术理念的培养，郭老师给予了我很多帮助。

当初进入美术学院学习当代艺术首饰的初衷，或许只是想多多学习当代首饰设计的新思路。现在发现，当代艺术首饰除了在形式上与传统的首饰有很多不同点，更多的是源于其背后的创作者的思想的不同，他们更多的是不再局限于首饰的装饰性，而是从思想性考虑。进入上大美院首饰工作室以后才真正开始了解当代首饰，当代艺术首饰，与传统首饰不同，是从自我角度出发，以首饰为媒介，传达自我情感和想法的。这种艺术形式对于一直在传统首饰的领域的我来说无疑是全新的，对我是一种非常大的挑战。

由于我是由商业首饰开始进入首饰设计的，如何在接下来的学习和创作中，将思想性和当代的设计性融入我的创作中，并能够在其中找到能与商业性平衡的点，是我接下来需要重点考虑和研究的。

可以说，这一年多对于我是全新的，为我打开了一扇艺术世界的窗口，未来路还很长，我仍旧会继续探索。

匠心不忘，方得始终

——首饰创作中工匠之心的传承与开拓之我见

窦 艳

"只要拥有一种纯粹为了把事情做好而好好工作的欲望，我们每个人都是匠人。"美国著名社会学家理查德·桑内特在其《匠人》一书中如是说。匠人匠心，早已走出手工匠的范畴，成为各个领域里追求专业和极致的代名词。

当今时代，吃饭吃快餐，婚姻有闪婚，每个人恨不得化作一道闪电，瞬间遨游五湖四海。很多事情，今天是新闻，到明日可能就无人提及，每个人都竭力想跟上这快节奏的步伐，最终只能像烟花，耀眼一霎，转瞬即逝。在这种情况下，拥有一颗匠心就尤为难能可贵。

匠心是什么呢？匠心是在工作中追求精益求精的精神理念。其在中国文化中体现为："尚巧"的创新精神、"求精"的工作态度、"道技合一"的人生理想；在西方文化中集中体现为追求完美与极致的理念，这一观念来自于柏拉图的理念论、亚里士多德的目的论以及基督教的新教伦理精神。古今中外，匠心所指都是一种职业态度和精神理念，是从业人员的一种职业价值取向和行为表现，与其人生观和价值观紧密相连。它是优良制造的灵魂所在，亦有助于工作者自我价值的实现。

很多人可能会觉得匠心的第一要义是积累，是漫长岁月的沉淀，其实不然。匠心的第一前提是热爱。只有热爱，才会让人不辨四季，耳昏目瞆，一心虔诚地做下去。匠心正是需要一份赤诚之心，十分深情热爱，数十年如一日地去做去积累。倘若让喜欢自由的人画地为牢地原地等待，让追求现世安稳的人去奔波打拼，这本身已经是一条错路，又怎么能找到初心？其二，匠心需要坚持。正如杨丽萍，她站在舞台上，一抬手，一摆腰，一昂首，一回眸，皆是千回百转的妩媚灵动。你当她是天生的精灵，其实是一颗虔诚倔强的匠心，一次次跌倒再起身的历练，造就了这个风华娉婷的佳人与妙姿。"书痴者文必工，艺痴者

技必良"。在我们看不到的地方，她早就练习了无数遍，才能在舞台上一舞惊艳。

一、匠心需要持之以恒

有一次我遇到一个包云吞特别快的人，那家店面很小，隔着透明的玻璃食客就能看到后厨。包云吞的阿姨眼神飞快地在馅和面皮之间转换，只见手起云吞落，一排排，整整齐齐地码在盘里。我默默地在一旁数数，她的速度简直快到不可思议。所幸我吃完饭后小店已经没那么忙碌了，阿姨在一旁收拾桌子，我忍不住上前搭讪了几句，临别忍不住感慨她的速度，阿姨笑得见牙不见眼："包了十几年了，这不算什么。"十几年不算什么，细水长流，如同等待一颗果实，你需要等它经历四季去成长，春天抽芽叶绿，夏季开花孕育，秋时方能收获硕果。没有成熟的果子是涩的，没有坚持做下去的梦想就是空梦。

无题

窦艳 铜镀银 6cm×8cm 2015

如果你在百度上搜索"德国工艺"四个字，后面自动弹出的词条是"德国工艺世界第一"。搜索应该是有记忆功能的，所以这条最靠前的词条应该是被无数人搜索和赞同过的。关于德国的工艺有数不清的案例告诉我们，匠心可以书写神话。当初关于青岛不内涝，皆因德国为其修缮的下水道的神话让我至今记忆犹新。虽然最后有人辟谣称青岛的下水道系统受之前德国的启发而成，几百年不锈的螺丝钉配件只是美化的传说，然而说起德国工艺，百度的词条记忆告诉了我们答案。

我们要对抗的是这个心浮气躁的时代，人心要沉下来才能做好事情，漂浮的心就像浮萍，一阵风就吹开了。观念的转变需要从无数的小细节铺开来，润物无声细细流淌地去改变。

二、匠心需要热爱

匠者，心也。在我的眼里，匠心就是一种发自内心的热爱，并为之坚守，对每一段创作都执着探索，对每一件作品都寄托情思。我生于北方，长于北方，最后却跑到南方工作生活。羊城美景与霓虹夜色贯穿着数十年来的朝朝暮暮，偶尔也会在风起时想起故乡的草木与冬日的银白世界。可是故乡，已经成为我们回不去的远方。

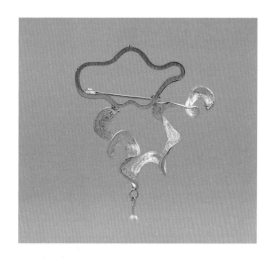

常思念

窦艳　胸针　925银、纯银、珍珠　4.5cm×6.4cm×0.8cm　2016

偶有一日约朋友同游海滩，拾到一枚干瘪的豆荚。它线条曲折而缠绵，我托在手心里细细地看了又看，这是在北方长大的我从未见过的，可是它的陌生却可以打动我。也许某个时刻，身在异乡的你会懂得我那一刻的感受，我相信会懂得。直到很久以后有人告诉我那是一种叫作相思豆的植物的豆荚。相思就是曲曲折折的。之后我就马不停蹄地将心头勾勒了无数遍的形状化为纸上的草图。明明只是简单的曲线，我却觉得千回百转，最终绕回起点。犹如落叶归根，北雁南归，鱼群回游。我思念着北方，矫情得就像喝了一大杯冰水，慢慢融成热泪。

于是我很快地将这些收集好的豆荚通过铸造工艺，结合金属和宝石完成了两个有关思念情感主题的设计，使本身冰冷的金属材料，赋予了温婉的情绪，赋予了缠绵的思恋之情。当作品的材料、工艺，以及灵感来源是触及自己心灵的，那作品自是注入情感的表达。当作品展示时便与有共鸣的人产生了相通的情绪。这便是艺术创作的能量。

然而当下，机械化的批量生产充斥我们的生活。一味地追求速度，追求利益，设计与创造的环境没有得以净化，无法平衡设计与生产的关系，设计师无法沉淀自己的体验和情感，没有充裕的时间进行创作表达，作品空洞乏味，自然沦为生产的奴隶。

很多时候，作品的材料本身是没有生命的，正是因为匠人注入了情感，才使作品得以展示，得以与人沟通；很多时候材料又是有生命的，它们也许来自于天然，历经了岁月和风雨，本身就有很多的故事，我们又会误解或者无视它们的生命。只有发自内心的热爱，发自内心的对话，发自内心的感悟，才能创作打动人心的作品，才能诠释匠心独具的魅力。

传统工匠经历了现代地位以及内涵的转变，已具有时代赋予的新意义。其所包含的工匠精神不仅延续了传统表征，也激发了作为非工匠职业的现代表征，它的现代复兴是当今中国历史的必然趋势。真正的匠心不应当表面化，不附和工艺，不迎合趋势的表象。

我们每个人都可以成为匠人，只需对热爱坚守，真诚以对，凡事追求极致，持之以恒并能细心钻研，即可得始终。匠心，皆因热爱与执着，支撑着每一个追梦者的脊柱。

上海美术学院首饰工作室

上海美术学院

海上十年

Decade of the Sea

上海大学美术学院首饰工作室
研究生教学回顾展

Retrospective Exhibition of Postgraduate Teaching in
Jewelry Studio, Shanghai University

图书在版编目（CIP）数据

海上十年——上海大学美术学院首饰工作室研究生教学回顾展 /
郭新主编，—上海：上海大学出版社，2017.2
　ISBN 978-7-5671-2315-1

　Ⅰ.①海… Ⅱ.①郭… Ⅲ.①首饰—艺术—研究生教学—教学研
究 Ⅳ. ①TS934.3-42

中国版本图书馆CIP数据核字（2017）第017519号

责任编辑　石伟丽
　　　　　王悦生
美术编辑　柯国富
技术编辑　章　斐
装帧设计　亢俊婷
　　　　　黄浦轩

书　　　名	海上十年——上海大学美术学院首饰工作室研究生教学回顾展	
主　　　编	郭　新	
出 版 发 行	上海大学出版社	
社　　　址	上海市上大路99号	
邮 政 编 码	200444	
网　　　址	www. press. shu. edu. cn	
发 行 热 线	021-66135112	
出 版 人	戴骏豪	
印　　　刷	江阴金马印刷有限公司	
经　　　销	各地新华书店	
开　　　本	787×1092　1/12	
印　　　张	13⅓	
字　　　数	270千	
版　　　次	2017年2月第1版	
印　　　次	2017年2月第1次	
书　　　号	ISBN 978-7-5671-2315-1/TS·011	
定　　　价	198.00元	